치치의
사계절
장미 정원

치치의
사계절
장미 정원

장미 집사들을 위한 가드닝 노트

김치영 지음

위즈덤하우스

파리에서 만난 장미 '피에르 드 롱사르'.

삭막한 도시 환경 속에서 바쁜 일상을 사는 사람들에게 싱그러운 초록과 색색의 꽃을 품은 정원은 보는 것만으로도 심적 평화와 순수한 기쁨을 가져다준다. 그런데 보는 것에 그치지 않고 손수 정원을 가꾸어볼 용기를 낸다면 그 기쁨은 아마도 몇 배로 커질 것이다. 물론 생명을 돌본다는 데서 오는 엄중한 책임감도 따르겠지만 잘 자라 아름다운 결실을 맺은 식물에게서 받는 감동과 보람은 그 무엇과도 비교할 수 없다.

수많은 식물 중에서 필자가 장미를 키우기로 결심한 이유는 장미의 아름다움 때문이었다. 꽃의 여왕이라는 수식어가 진부할 만큼 장미는 오랫동안 독보적인 아름다움으로 많은 이들의 사랑을 받아왔다. 물론 작고 소박한 꽃에서 더 큰 매력을 느끼는 사람도 있겠지만 나는 멀리서 보아도 강렬한 존재감을 뿜어내는 장미에게 강하게 매혹되었다.

또한 장미는 그 아름다움에 비견될 만한 강인한 생명력을 지니고 있다. 꽃을 피우는 대다수의 식물은 일정 시기에만 꽃을 피운다. 장기간 꽃을 피울 수 있다 하더라도 겨울 추위를 이겨내는 경우는 거의 없다. 하지만 장미의 경우 적절한 온도만 유지되면 연중 꽃을 피우는데다 월동까지 가능하다. 화려한 아름다움과 강인한 생명력, 이 두 가지가 나로 하여금 장미를 더욱 완벽한 존재로 느끼게 했다.

2013년 7월, 여행 차 방문한 프랑스 파리의 오래된 뒷골목에서 2층 건물 높이의 거대한 덩굴장미를 만났다. 찌는 듯한 더위와 눈부신 레몬빛 햇살, 오래된 벽돌 냄새에 일순 정신이 몽롱해졌고, 바로 그 순간 내 눈앞에 만개한 장미가 나타났다. 어느 집 외벽을 아름답게 수놓은 장미들은 꿈속에서나 볼 수 있을 것 같은 환상적인 모습을 하고 있었다. 순간 시간이 정지되고 심장이 멈춘 듯한 기분과 함께 마음속 깊이 감춰져 있던 어떤 욕망이 불쑥 솟아올랐다. 그렇게 여행에서 돌아온 후 나는 작은 장미목 한 그루를 화분에 심었고 그것이 지금의 옥상 정원의 시작이 되었다.

호기롭게 시작한 장미 키우기는 쉽지 않았다. 가드닝에 무지했을 뿐 아니라 장미에 대한 지식도 전혀 없었기 때문에 아주 사소한 부분에서도 자주 벽에 부딪혔다. 당시 국내에 출간된 장미 관련 서적들은 대부분 장미를 전문으로 키우는 농장이 대상이어서 초보인 내가 그대로 따라 하기에는 적절치 못했다. 장미를 키우는 분들의 블로그를 찾아가 조언을 부탁하기도 했지만 돌아온 것은 냉담한 반응뿐이었다. 결국 스스로의 경험으로 장미 관리 노하우를 하나둘 쌓을 수밖에 없었다. 내가 장미를 키우면서 어느 한순간도 순탄치 못했던 5년 동안의 경험을 책으로 쓰고자 한 이유도 나와 같은 처지의 사람들에게 도움을 주기 위해서다.

장미는 결코 키우기 쉬운 식물이 아니다. 환경적인 조건도 중요하지만 가드너의 끊임없는 관심과 관리가 있어야만 아름다운 꽃을 피운다. 하지만 바로 그 때문에 힘겹게 꽃을 피운 장미가 주는 감동은 말로 표현하기 힘들다. 비록 과학적인 연구를 바탕으로 한 전문적인 책은 아니지만 이 책이 아직 장미 가드닝이 활성화되어 있지 않은 국내에서 장미를 키우고 있는 사람, 그리고 앞으로 키우고자 하는 사람들에게 작게나마 도움이 되기를 바란다.

2018년 12월
겨울을 준비하는 장미 정원에서
김치영

〔가드닝 용어〕

•가드닝 초보자들을 위해 먼저 책에 나오는 가드닝 용어들을 자음 순으로 간단히 소개한다.

ㄱ **가식**假植 : 식물을 임시로 심는 것

개화開花 : 꽃이 피는 현상

관수灌水 : 토양에 수분이 부족할 때 인위적으로 물을 공급하는 것

교잡交雜 : 유전자형이 다른 개체 간의 교배

ㄴ **내병성**耐病性 : 병에 잘 걸리지 않거나 병에 걸리더라도 고사하지 않고 이겨낼 수 있는 성질

내한성耐寒性 : 추위에 강한 성질

눈 : 줄기와 잎 사이에 생기는 것으로 잎이나 꽃이 될 싹을 의미한다

ㄷ **도장지**徒長枝 : 당년에 자라난 줄기 중 지나칠 정도로 왕성하게 웃자란 가지

ㅁ **만개**滿開 : 꽃이 활짝 피는 것

멀칭mulching : 토양의 침식 방지와 잡초 억제, 수분 보존, 온도 조절 등을 위해 지표면 위로

짚, 바크bark, 비닐 등을 까는 작업

묘목苗木 : 인공적으로 대량 육성한 어린 나무

ㅂ **반복 개화력** : 꽃이 필 수 있는 시기 동안 꾸준히 꽃을 피울 수 있는 능력

비료 : 토양의 생산력을 증가시키고 초목의 성장을 촉진시킬 목적으로 투입하는 물질

(ㅅ) **수형**樹形 : 나무의 일반적인 외형으로 나무마다 고유의 수형을 가지고 있지만 특정 모양을
    만들기 위해 인위적으로 만들기도 한다

시비施肥 : 재배하는 작물에 인위적으로 비료를 주는 일

식재植栽 : 식물을 심는 작업

(ㅇ) **연속 개화력** : 동일한 시기에 많은 꽃을 한꺼번에 피울 수 있는 능력

(ㅈ) **적뢰**摘蕾 : 꽃봉오리가 너무 많이 달렸을 때 불필요한 봉오리를 제거하여 남은 꽃봉오리의
    결실을 좋게 만드는 작업

적아摘芽 : 눈이 트기 시작할 때 필요하지 않은 눈의 일부 또는 전부를 손으로 따주는 작업
    으로 특정 가지 또는 꽃봉오리가 집중적으로 성장할 수 있도록 해준다

전정剪定 : 나무의 수형을 다듬고 병해충의 피해를 방지하고자 불필요한 가지를 솎아주거나
    잘라내는 작업

전지剪枝 : 나무의 가지를 잘라내는 작업

정식定植 : 식물이 자리할 장소에 심는 것

(ㅎ) **화형**花形 : 꽃의 모양

흡지吸枝 : 대목 밑에서 생긴 눈이 자라난 줄기

＊―◇―＊

30대를 맞이하며 잊었던 자아를 찾고자 시작한 장미 정원이 어느덧 5년 차를 맞았다. 20대의 치기와 호기로움으로 아무런 준비 없이 시작한 정원 가꾸기는 절대 순탄하지 않았다. 장미는 섬세한 식물이라 조금만 주의를 게을리해도 금세 살리기 힘든 상태까지 가곤 했는데, 특히 해마다 급변하는 기후 때문에 많은 어려움을 겪어야 했다. 완벽하게 짜인 연구 결과는 아니지만 지난 5년 동안 옥상 장미 정원을 가꾸며 얻은 경험들을 계절별, 월별로 구분하여 에세이 형식으로 풀어내보았다. 부족한 글이나마 정원을 가꾸며 느낀 기쁨과 우리의 기후, 환경 조건에 맞는 장미 관리 요령을 여러 사람과 나누고 싶다.

＊―◇―＊

1부

장미 정원에서
보낸
사계절

봄

3월, 4월, 5월

정원의 봄맞이 준비

3월 초입에 들어서면 유난히 혹독하고 길었던 겨울도 어느덧 그 끝이 보이기 시작한다. 이른 아침 창문을 통과해 뺨에 닿는 햇살이 부쩍 온화해지고, 북쪽에서 불어오던 칼바람은 날이 무뎌져 상쾌한 기분마저 느끼게 한다. 오랜 휴식으로 게을러진 몸을 일으켜 옥상 정원으로 향할 때다.

겨울 끝의 옥상 정원은 채 녹지 않은 눈으로 질척거리고, 겨우내 눈길 한 번 주지 않고 방치한 탓에 구석구석 낙엽과 쓰레기들이 가득하다. 화분 둘레로 단단히 묶어두었던 보온 비닐도 제 기능을 상실한 채 비바람에 이리저리 휩쓸려 쓰레기와 한데 뒤엉켜 있다.

봄기운이 만연한 정원에 정원사의 손길이 필요한 시간이 찾아왔다. 가장 먼저 추위로부터 장미를 보호하던 보온덮개를 벗겨내고 줄기에 매달려 있는 잎들을 깨끗하게 제거해준다. 묵은 잎을 제거하면 겨울 동안 잎과 줄기에 숨어 있던 병균과 해충들을 함께 제거할 수 있어 추후 겨울 전정 시 한결 편하게 일할 수 있다. 화분과 바닥에 떨어진 낙엽과 쓰레기도 모두 깨끗이 쓸어 청소한 뒤 화분과 장미를 다시 보온재로 덮어주고 나면 음산했던 정원이 어느새 봄을 기다리는 단정한 정원으로 변해 있다.

이른 아침부터 시작한 일은 노을이 아름답게 질 즈음 마무리된다. 계절마다 반복되는 고된 노동에 가끔은 지치기도 하지만 말끔해진 정원에서 봄이 오기를 기다리는 장미들을 보고 있노라면 정원을 가꾼 지 몇 해가 지난 지금도 여전히 마음이 설렌다. 아직은 꽃이 피려면 한참을 더 기다려야 하지만 올해 나의 정원이 또 어떤 모습을 보여줄지 상상하면 노동의 피로도 조금은 줄어들 것이다.

봄날의 변덕

정원을 가꾸다 보면 날씨에 민감해진다. 월별, 계절별로 해야 할 일이 많은 장미 정원에서는 더욱 그렇다. 바로 엊그제까지 살을 에는 듯한 추위에 몸을 떤 듯한데, 겨우 3월 중순 한낮 기온이 20도 이상 올라가는 게 요즘 날씨다. 온실의 장미들은 이미 봄을 맞은 듯 이른 싹을 틔우고 빠른 것은 꽃봉오리까지 맺는다. 그런데 아직 꽃샘추위가 오지 않은 상황이라면?

몇 해 전 비슷한 상황에 놓인 적이 있다. 설 연휴였던 2월 어느 날, 갑자기 19도까지 올라간 기온에 보온재 안쪽이 습기로 가득 찼다. 자칫 잘못하면 곰팡이가 생길 수 있어 서둘러 보온재를 제거하고 겨울 전정을 단행했다. 그런데 다음 날 출근 후 따뜻했던 봄 날씨가 갑자기 영하 7도로 곤두박질쳤다. 이른 꽃샘추위가 찾아온 것이다. 서둘러 퇴근 후 급하게 보온재를 둘러봤지만 이미 때는 늦었다. 그해 꽃샘추위로 63그루의 장미 중 36그루의 장미가 얼어 죽고 말았다. 그러니 정원사는 이런 최악의 상황을 염두에 두고 항상 날씨 예보에 주의를 기울이며 작업을 해야 한다.

3월 중순이 지나면 장미가 싹을 틔우고 꽃봉오리를 맺는 데 힘을 보태줄 퇴비를 주어야 한다. 이 시기의 시비施肥는 봄의 만개한 장미 정원을 만드는 데 가장 중요한 작업이다. 꽃샘추위로 또다시 피해가 발생할 수 있지만 위험을 감수하고서라도 퇴비를 시비해야 하는 이유다.

화분 장미의 시비는 화분의 가장자리를 파내어 퇴비를 넣어준 뒤 흙으로 다시 덮어주면 된다. 이때 얇고 긴 막대를 흙에 찔러 넣어 길을 만들어준 뒤 시비하면 화분 안에 신선한 산소를 공급함과 동시에 퇴비의 영양분을 골고루 전달할 수 있다. 시비를 끝낸 후 지난해 동안 자연 분해되거나 바람 등에 유실된 멀칭재를 보충하고 충분히 물을 주고 나면 작업이 끝난다.

최근에는 4월부터 30도를 웃도는 폭염이 시작되기도 한다. 언제부터인지 이상기후는 당연한 일이 되어버렸다. 하지만 "이제 여름 아니면 겨울밖에 없는 것 같다"고 말하는 사람들도 그저 말뿐 이 문제를 심각하게 받아들지는 않는 것 같다. 정원을 직접 가꾸는 입장에서는 해가 갈수록 극단으로 치닫는 기후변화에 언제까지 정원을 가꿀 수 있을지 걱정이 앞선다. 암담한 미래를 다룬 영화들에서처럼 꽃과 나무가 우리 곁에 함께하는 현실이 과거형이 되어버리는 일은 없어야 하지 않을까.

봄비 내리는 정원

'그래도 봄은 온다'고 했던가? 끝나지 않을 것 같던 긴 겨울이 지나고 나면 반가운 봄비가 내리기 시작한다. 식물들에게 봄에 내리는 비는 축복이다. 마법 같은 신비한 힘을 지닌 봄비는 꽁꽁 얼어붙은 흙을 포슬포슬 촉감 좋게 변화시키고 죽은 듯 보이는 나무줄기에서 연녹색의 여린 잎을 불러낸다. 겨우내 온실 속에 있던 식물도 밖으로 꺼내 비를 맞히면 연약한 잎에 힘이 생기고 더욱 선명한 초록빛으로 변한다. 매년 겪는 일이지만 봄비가 가져오는 변화는 언제 봐도 신기하고 위대하다.

봄비가 오는 날에는 화분 위에 뿌린 뒤 물을 줘야 하는 퇴비나 방제약 작업을 시행한다. 비가 올 때 이 작업을 하면 물조리개에 담긴 무거운 물을 들고 관수하는 수고를 덜 수 있다. 꽤 많은 양의 비가 내릴 때는 봄의 불청객인 '진딧물'을 예방하는 방제약을 뿌린다. 진딧물 방제약은 내가 정원에서 유일하게 사용하는 농약이다. 진딧물은 그 자체만으로도 여린 잎과 꽃에게 해로운 존재인데, 깍지벌레와 개미 등 또 다른 해충을 불러들이기에 부득이하게 연중행사처럼 봄비가 내리는 날마다 채소와 과실수에 사용하는 저독성 방제약을 사용하고 있다.

비가 그치고 나면 온기 가득한 아침 햇살이 정원 안쪽 깊숙이까지 파고들고, 봄의 풀 향기를 품은 포근한 봄바람이 상큼하게 불어온다. 이제 본격적인 노동이 시작됨을 알리는 신호다. 앞으로 해야 할 노동의 고됨을 생각하면 걱정이 앞서기도 하지만 빗방울을 머금은 정원을 바라보고 있으면 어느 때보다 기분 좋은 에너지를 얻을 수 있다.

봄에 하는 겨울 전정

포근한 날씨가 이어지면서 보온재 안으로 습기가 차오르고, 바닥에선 굵은 흡지가 성장을 위해 힘차게 시동을 건다. 이제는 답답해 보이는 보온재를 모두 벗겨내 보면 어느새 회갈색 장미 줄기에 빨갛게 눈이 부풀어 올라 있다. 겨울 전정을 할 때가 온 것이다.

4월에 '겨울'이라는 단어를 붙이는 것이 어색할 수도 있다. 사실 몇 해 전만 해도 겨울 전정은 2월부터 하는 것이 보편적이었다. 그런데 이상기후로 겨울이 부쩍 더 춥고 길어진 탓에 꽃샘추위가 일시적인 저온 현상이 아닌 맹렬한 한파로 변하고 있어 개인적으로 완전한 봄이 왔다고 생각될 때 전정 작업을 하고 있다.

이때 시행하는 전정은 어느 시기 전정보다도 중요한데, 이 시기에 전정을 언제, 어떻게 하느냐에 따라 봄 정원의 모습이 완전히 달라지기 때문이다. 왕성하게 자란 줄기가 아까워 약하게 전정을 하면 감당하지 못할 정도로 줄기가 무성해지고 병충해에 시달릴 수 있으니 과감한 전정을 시행해야 한다. 정성껏 키운 장미를 자른다는 것이 쉽지는 않다. 하지만 후일의 고생을 피하고 싶다면 두 눈 꼭 감고 전정가위를 휘둘러야 한다.

꽃샘추위

최근 몇 해 봄 날씨가 정말 심상치 않다. 본래 순차적으로 피고 져야 할 매화, 산수유, 진달래, 개나리, 벚꽃, 철쭉이 때 이른 고온 현상에 한 주 사이 한꺼번에 만개할 때도 있다. 꽃샘추위 전에 봄꽃이 화려하게 만개한 것을 보면 반가움보다 걱정이 앞서곤 한다.

올해에는 주말 내내 내린 비가 그친 뒤 기온이 15도에서 1도까지 떨어져 다시 겨울로 돌아갔다. 갑작스러운 한파에 겨울 전정을 마친 장미들이 미처 손쓸 새도 없이 냉해를 입어 줄기가 마르고 검게 변하기 시작했다. 폭염과 폭설, 홍수 등 거대한 단위로 인지되던 기상이변의 여파가 서울의 작은 옥상 정원에까지 미친 것이다.

무엇을 잘못한 것일까? 잎이 나고 꽃봉오리가 맺히더라도 겨울 전정을 더 늦게 했어야만 할까? 아니 애초에 정원을 꾸린 것부터 잘못된 것일까? 뒤늦게 보온재를 다시 둘러보지만 사람의 힘으로는 더 이상 어찌해볼 수 없는 상태다. 속수무책으로 죽어가는 장미들을 보고 있노라면 허망한 마음에 자책만 하게 된다.

그래도 봄은 온다

아무리 혹독한 겨울이 오더라도 힘든 시간이 지나면 결국 봄은 온다. 추위가 물러간 정원에는 철쭉과 라일락, 은방울꽃이 피어 진정한 봄이 왔음을 알린다. 미국의 작가이자 삽화가인 타샤 튜더가 손수 가꾼 정원에는 봄부터 겨울까지 꽃이 끊이지 않고 피었다고 한다. 계절마다 새로운 씨앗을 심고 수많은 종류의 식물을 가꾸는 것이 얼마나 어렵고 힘든 일인지 알고 있지만, 타샤 할머니를 따라 겨울 추위를 이기지 못하고 떠나간 장미의 빈자리를 대신할 화초들을 물색하기 시작했다. 타샤 할머니는 매 시즌마다 새로운 식물들을 바꿔 심으며 꽃의 정원을 만들었지만 나에게는 한 번 심으면 봄부터 가을까지 꾸준히 꽃을 피우는 초화류가 눈에 들어왔다. 비록 겨울을 나지는 못하겠지만 꽃구경 실컷 하고 겨울 수고를 덜게 된다면 그 또한 좋을 것 같았다.

얼마 지나지 않아 초록 일색이던 정원은 빨간 단풍과 총천연색 휴케라들이 색을 더하기 시작했고 페튜니아와 로벨리아, 맛있는 과실을 안겨줄 사과와 체리가 앙증맞은 꽃을 피워 정원을 가꾸는 즐거움을 배가시켰다. 여기에 은청색의 아름다운 침엽수들이 더해지면서 정원에 새로운 매력을 선사했다. 아직은 너무 어린 모종이라 장미와 어울릴 정도는 아니지만 머지않아 만개한 장미와 함께 예전보다 풍성한 정원을 만들 모습을 상상하면 벌써부터 마음이 설렌다.

장미가 만개하기까지 앞으로 한 달. 이제 겨우 꽃모종이 자라나는 이른 봄이지만 가을 꽃을 위한 퇴비를 만들기 좋은 시기다. 가을 퇴비는 성장보다는 꽃을 피우기 위한 목적이 크기 때문에 질소 성분의 재료를 줄이고 인산과 칼리의 비율을 높여 골분과 훈탄을 주재료로 이용한다. 퇴비는 발효 중에 악취가 나기도 하고 벌레가 많이 꼬여 도심에서 만들기에는 다소 어려움이 따른다. 하지만 어떤 화학 재료보다도 장미를 건강하게 성장시키고 면역력을 키워 병을 이겨낼 수 있는 힘을 길러주기 때문에 힘들지만 꾸준히 만들고 있다.

5 월 의 첫 장 미

장미 정원에서 가장 반가운 소식은 뭐니 뭐니 해도 장미꽃의 개화 소식이다. 노지에서 겨울을 보낸 장미들은 아직이지만, 온실에서 따뜻한 겨울을 보낸 장미들은 한 달 먼저 꽃을 피운다. 이렇게 온실 장미와 노지 장미를 함께 키우면 장미를 볼 수 있는 시기가 길어져 오랜 시간 장미를 즐길 수 있다. 아직 꽃봉오리가 어린 장미는 이 시기에 불필요한 봉오리를 따주는 적뢰 작업을 해줘야 한다. 모든 꽃봉오리를 그대로 살려서 많은 꽃을 보는 것도 좋지만 이럴 경우 완벽한 크기와 모양의 꽃을 얻기 어렵기 때문에 가장 큰 봉오리를 제외하고 남은 봉오리는 모두 인위적으로 제거한다. 한 가지 팁이 있다면 작은 꽃봉오리를 솎아내는 작업을 군데군데 실시하면 큰 꽃과 무리 지은 작은 꽃을 한꺼번에 볼 수 있어 다양한 장미의 모습을 즐길 수 있다.

5월의 첫 주는 일교차가 크고 해가 짧아 장미잎에 흰가루병과 진딧물이 창궐하기 쉽다. 병증이 약한 것은 수시로 잎을 떼주고 특히 흰가루병에 취약한 품종은 하루 종일 해가 드는 자리로 옮겨준다. 진딧물은 이른 봄에 약을 뿌려두면 심하게 발생하지 않기 때문에 눈에 띌 때마다 손으로 잡아 으깨준다. 매번 하는 일이지만 징그러운 진딧물을 손으로 잡는 일이 썩 기분 좋지는 않다. 그럼에도 내가 농약을 살포하지 않고 굳이 손으로 진딧물을 잡는 것은 정원을 찾아주는 새와 벌, 그리고 나비 때문이다. 해가 갈수록 늘어나는 이런 손님들 덕분에 정원이 더욱 생기 넘치는 공간으로 변하고 있다.

만개 전야의 정원

추위가 길어지고 있는 탓에 전보다 꽃이 피는 시기가 늦어지고 있지만 5월 셋째 주 정도가 되면 파랗게만 보이던 정원에도 조금씩 색이 물들기 시작한다. 손톱보다 작았던 꽃봉오리는 어느새 빨갛고 노란 꽃잎을 보이고 마음이 급한 봉오리는 하나둘 꽃을 피우기도 한다. 모든 장미가 만개한 화려한 정원도 좋지만, 이렇게 꽃들이 금방이라도 꽃망울을 터트릴 듯한 상태의 정원은 심장을 두근거리게 하고 약간의 긴장감을 불러와 정원사에게 묘한 희열과 설렘을 선사한다.

수많은 꽃봉오리 사이로 5월의 밝은 레몬빛 햇살이 눈부시다. 장미가 너무나 좋아하는 충만한 햇빛, 시원한 바람 그리고 그에 보답하듯 금방이라도 터질 듯 부풀어 오른 꽃봉오리의 조합은 이제 정원사가 물시중을 들어야 한다는 신호다. 물이 부족하면 꽃봉오리가 금세 고개를 숙이고 심하면 꽃을 피우지 못하기 때문에 어느 시기보다 물주기에 신경 써야 한다. 특히나 물 마름이 빠른 화분 장미는 하루에 두 번까지도 물을 주어야 하는 경우가 생긴다. 직장인 정원사가 새벽 4시에 옥상에 올라가 세 시간 가까이 물을 주고 허겁지겁 출근을 하다 보면 출근길 '지옥철' 속에서도 단잠에 빠지기 일쑤다.

미국의 식물학자 루터 버뱅크Luther Burbank는 "꽃은 사람들을 항상 건강하고, 행복하고, 유익하게 만들어준다"고 했다. 내가 너무나 공감하고 좋아하는 말이다. 하지만 매일같이 이렇게 고된 노동을 하는 나에겐 가끔은 그가 진정 정원 일의 고됨을 알고 한 말일까 하는 의문이 들기도 한다.

여름

6월, 7월, 8월

고진감래, 장미의 아름다움에 취하다

드디어 정원의 장미들이 만개하기 시작한다. 오로지 이 순간을 위해 장미는 길고 혹독한 겨울을 버텨냈을 것이다. 때때로 너무 벅찬 감동 앞에서는 아무 말도 할 수 없게 되는데, 만개한 장미 정원 앞에서가 그렇다. 입을 다물고 그저 풍성한 색으로 물든 정원을 눈으로 음미하게 된다. 따뜻한 바람에 실려 온 장미향이 몸을 감싸면 뭉쳐 있던 근육이 풀리면서 스트레스가 눈 녹듯 사라지고 꽃향기에 기분 좋게 취하게 된다. 이날만큼은 일상의 근심과 걱정을 내려놓고 장미의 아름다움을 만끽한다.

장미청 만들기

아름다운 장미는 그 모습만으로도 감상하는 이의 마음을 치유한다. 하지만 장미를 식용으로 사용하면 피부 개선, 노화 방지, 우울증 예방 등 더 많은 효능을 경험할 수 있다. 농약과 화학비료를 끊은 지 3년이 지난 장미는 먹을 수 있다는 이야기를 듣고 곧바로 옥상으로 향했다. 직접 키운 장미를 보고 즐기는 데 그치지 않고 먹는 재미까지 얻을 수 있다니 오랫동안 가꿔온 장미가 새롭게 느껴졌다. 어떤 장미를 사용해야 할지 몰라 옥상에 피어 있는 장미를 하나씩 다 따 먹어봤다. 신기하게도 품종마다 단맛, 쓴맛, 떫은맛, 신맛 등 저마다 가지고 있는 맛이 달랐다. 향기가 좋다거나 더 예쁜 꽃이라고 해서 더 맛이 있는 것도 아니었다. 꽃잎 한 장씩 맛보았을 뿐인데 어느새 입안은 물론 머릿속까지 장미향이 맴돌았다.

한 소쿠리 가득 딴 장미로 장미청 담글 준비를 한다. 먼저 꽃잎을 깨끗이 씻어 한데 모아두고, 베이킹소다와 식초 물로 농약을 씻어낸 레몬을 슬라이스 해 씨앗을 뺀다. 예쁜 유리 공병에 장미꽃잎 한 층, 레몬 한 층을 번갈아 쌓은 뒤 설탕과 물을 1:1 비율로 섞어 팔팔 끓인 물을 채워주면 너무나도 간단히 장미청을 만들 수 있다.

장미청은 시간이 지날수록 영롱한 루비색으로 변하고 맛 좋은 장미향으로 코를 간지럽힌다. 완전히 숙성될 때까지는 시간이 걸리지만 뜨거운 여름날 정원 일을 마치고 시원한 장미 에이드를 마시는 상상을 하면 벌써부터 가슴속이 짜릿해진다.

꽃눈 내리는 날

이제 여름의 시작인데 창밖으로 반짝이는 눈이 내리기 시작한다. 빨간색, 노란색, 분홍색 형형색색의 장미꽃 눈. 하지만 예쁘다고 넋 놓고 꽃눈을 감상할 때가 아니다. 창밖으로 꽃눈이 내린다는 건 옥상 정원에서 떨어진 꽃잎들이 온 동네로 날아간다는 뜻이기 때문이다.

저버린 꽃잎들로 가득한 옥상으로 올라간다. 흙으로 된 땅이 아닌 방수 코팅 콘크리트 정원은 매일 꽃잎과의 전쟁이다. 블로그와 SNS에 올린 정갈한 정원의 모습 뒤에 구석구석 쌓인 꽃잎들을 끊임없이 청소해야 하는 고된 노동이 있음을 아는 사람은 많지 않다.

꽃눈이 떨어지고 봄에 핀 꽃들이 완전히 지고 나면 진 꽃을 자르는 '데드 헤딩dead heading' 작업이 필요하다. 연중 꽃을 피우는 품종이거나 열매가 필요한 경우가 아니라면 꽃이 진 직후 데드헤딩을 실시해야 한다. 빠르면 빠를수록 다음 꽃을 더 일찍 볼 수 있다. 꽃대를 자르고 나면 통풍이 원활하도록 장미 가지를 솎아준다. 외부 온도가 빠르게 올라가고 건조해지면서 응애와 깍지 같은 해충 피해가 급증하기 때문에 피해를 최소화하기 위해서는 가벼운 전정이 필요하다. 전정 후에는 다음 꽃을 만들 힘을 보탤 비료를 뿌려준 뒤 마지막으로 대청소를 하고 나면 만개 후 옥상 정리가 끝이 난다. 오랜만에 하는 노동에 온몸이 쑤시지만 티끌 하나 없이 깨끗하게 정리된 옥상을 보고 있으면 왠지 모를 희열이 느껴진다.

너무나도 완벽할 뻔한 장미 가드너의 여름휴가

아침 일찍부터 빗소리가 요란하다. 올해 장마는 다행히 비가 내린다. 장마에 비가 내리는 것은 당연한 일인데 다행이라는 표현이 이상하게 들릴지 모르지만, 최근 몇 년 동안 장마 기간에 비가 내리지 않아 가뭄이 극심하거나 비가 오더라도 하루 이틀로 끝나버리는 경우가 많았다. 어느 시기보다 물이 많이 필요한 여름 정원이기에 가뭄에도 불구하고 매일같이 많은 양의 물을 쓰고 있자면 죄책감이 밀려온다. 그래서인지 장마 기간에 비가 내리면 졸였던 가슴을 쓸어내리게 된다.

장마 기간은 가드너에게는 여름휴가와도 같은 시기다. 매년 여름휴가는 비 내리는 옥상을 즐기는 것으로 만족했지만 올해에는 대범하게 일본 여행을 준비했다. 사실 말이 여행이지 목적은 역시나 장미를 위한 출장이었다. 비행기로 1시간도 채 걸리지 않는 이웃 나라지만 일본의 가드닝 시장은 세계적으로 손꼽을 정도로 발달되어 있다. 장미만 하더라도 수많은 육종 회사를 보유하고 있고, 해마다 새로 출시된 정원 장미를 소개하는 책이 나올 정도로 장미 산업이 발달해 있다. 또, 가드닝에 필요한 도구는 디자인과 성능이 매우 뛰어난데다 장미 전용 흙과 비료까지 판매하고 있어 도시에서도 어렵지 않게 장미를 키울 수 있는 환경이 조성되어 있다.

길지 않은 일정이라 도착하자마자 고민 없이 가드닝 센터로 향했다. 역시나 소문대로 우리나라에서는 볼 수 없는 용품과 비료들이 가득했고 수입되는 제품들도 국내 가격의 1/4 수준이었다. 이곳은 천국인가? 국내에서 장미 전용 비료는 고가에 판매되고 있기 때문에 영혼이 나간 듯 보이는 대로 쓸어 담기 시작했다. 엄청난 무게였지만 이 정도면 몇 해는 마음 편히 사용할 수 있는 양이었다. 원하던 물건을 반값에 산 기분이랄까, 벅찬 감동과 흥분은 쉽게 가라앉지 않았다.

너무나도 완벽했던 휴가였다. 하지만 안타깝게도 행복은 거기까지였다. 완벽했던 휴가의 끝은 공항 검색대에서 나를 향해 울린 사이렌과 함께 끝이 났다. 국내에서 판매되고 있는 제품들로만 구매했지만 정식 수입사가 아닌 개인이 비료를 반입하는 것은 위법이라는 것이었다. 날벼락이 따로 없었다. 비료만 샀을 뿐인데 강력 범죄를 저지른 사람인 양 취급하는 탓에 제대로 해명도 못하고 구매한 모든 비료를 포기해야 했다. 그렇게 장미 가드너의 여름휴가는 허무하게 끝나버렸다.

노을 지는 정원에서 치맥을

평화롭다고 해야 할지 폭풍전야라고 해야 할지 아직도 걸맞은 정의를 내리지 못하고 있지만, 장마가 지나고 난 뒤 정원에는 이상하리만치 안정감이 감돈다. 더군다나 봄 못지않게 장미가 만개해 있어 아름답기까지 하니 괜스레 이 아름다움을 깨는 나쁜 일이 생기지 않을까 걱정이 들기도 한다. 보통 비가 그친 뒤 이맘때의 정원은 흑점병이 창궐하고 폭염에 꽃이 제대로 피지 못하고 타버리기 일쑤인데 아직 발견된 병증도 없고 저녁나절 기분 좋을 정도의 따뜻한 바람까지 불어오면 기분이 묘해진다.

여름의 노을은 러시아 출신의 화가 마크 로스코의 그림처럼 몽환적이다. 온전히 서쪽을 바라보고 있는 옥상 정원에서는 해질녘 노을이 눈물이 날 듯 아릿한 감성을 불러일으킨다. 유난히 노을이 아름다운 날이면 걱정을 살머시 내려놓고 정원 테이블에 앉아 바삭한 치킨에 이가 시릴 정도로 시원한 맥주 한 잔을 마시며 하루를 마감한다.

기록적인 폭염

올해 여름 기온은 매일매일 신기록을 갱신했다. 111년 만의 최악의 폭염은 서울도 피할 수 없었다. 기상청이 관측한 서울의 최고 기온은 39.6도. 고지대이면서 주위로 그늘이 될 만한 요소들이 전혀 없어 여름이면 새벽 5시부터 해가 지는 순간까지 뙤약볕이 내리쬐는 내 옥상 정원의 최고 온도는 무려 40.3도였다. 심지어 23일간 지속된 폭염은 열대야까지 발생시켜 잠 못 드는 밤을 이어갔다. 40도가 대한민국에서 가능한 온도인가? 지난겨울에는 기온이 영하 20도 이하로 내려갔는데 그렇다면 연교차가 60도 이상이나 난다는 이야기가 아닌가. 겨울 추위가 혹독할수록 여름 또한 덥다는 말이 그냥 있는 말은 아닌 것 같다.

폭염은 한파 못지않게 정원에 많은 피해를 준다. 강한 햇빛을 이기지 못한 잎은 잎 끝부분부터 타들어간다. 화분 식물의 경우 물을 준 직후 고온에 노출되면 화분 채 삶아져 죽기도 한다. 이제는 노하우가 생겼다 싶었지만 올해 폭염 기간 동안 수많은 초화류들이 빈 화분으로 돌아갔고, 플라스틱 화분에 심은 장미 한 그루가 뿌리가 익어 떠나버렸다. 지속되는 폭염은 강물을 말렸고 농작물도 짐승도 사람도 맥없이 쓰러뜨렸다.

벌레도 폭염의 피해는 벗어날 수 없었는데 본래 여름이면 활발히 활동하는 깍지벌레, 응애, 거미, 사마귀는 사라지고 유충과 성충 모두 식물에 치명적인 피해를 입히는 미국선녀벌레가 전국적으로 창궐했다. 인간이 벌인 수많은 환경오염의 피해가 이제는 본격적으로 되돌아오고 있는 것 같다. 해마다 기록적인 한파와 폭염이 지속된다면 이 땅에 살 수 있는 날이 얼마나 더 될까? 이제는 말뿐인 걱정이 아닌 진정으로 실행할 수 있는 환경보호가 필요하지 않을까 생각하게 된다.

가을 장미를 위한 준비

목수국이 한창인 광복절 즈음이면 가을 장미를 위한 준비를 한다. 가을에 아름다운 장미를 만나기 위해서는 봄에 만들어둔 질 좋은 퇴비를 넉넉히 뿌려주고, 품종별로 꽃이 피기 좋은 모습으로 전정하는 작업이 필요하다. 하지만 문제는 폭염이다. 한여름 35도를 웃도는 폭염이 계속되면 아무리 잘 만든 퇴비라 하더라도 시비 후 어떤 피해를 가져올지 알 수 없고, 전정 후에는 잎과 줄기가 타거나 과습 증상이 나타날 수 있다.

폭염이 기승을 부린 올해는 늘 해오던 방식이 아닌 차선책을 선택해야만 했다. 시비는 천연 퇴비 대신 약해가 거의 없는 화학 알비료로 대체하고 폭염에 지친 뿌리를 달래기 위해 칼리 액비를 관수했다. 여름 동안 성장이 거의 없었기 때문에 전정은 포기했다. 이렇게만 해서 가을꽃이 제대로 필지 알 수 없었지만 처음 시도해보는 방법은 언제나 그렇듯 장미 가드닝을 위한 새로운 연구 자료가 된다고 생각하기 때문에 걱정보다는 결과에 대한 호기심이 앞선다.

태풍이 지나가던 날

올해처럼 태풍을 간절히 기다려보기는 처음이었던 것 같다. 한 걸음만 떼도 숨이 턱까지 차오르는 폭염 때문에 하루빨리 태풍이 와서 한바탕 더위를 시원하게 휩쓸고 가면 좋겠다는 생각이 들었다. 그런 마음이 하늘에 닿았는지 때마침 뉴스에서 태풍 소식이 들려왔다. 그것도 평범한 태풍이 아닌 우리나라 전체를 뒤덮을 만한 거대한 태풍이었다. 반가운 소식이긴 하지만 이대로 저 정도 규모의 태풍이 지나가게 되면 정원마저 날아갈 것 같아 대비를 위해 옥상으로 향했다.

태풍이 오기 전 가드너가 가장 먼저 해야 할 일은 흩어져 있는 화분을 한데로 모으는 것이다. 플라스틱 화분이나 작은 화분은 큰 화분의 안쪽으로 넣어 날아가지 않도록 한다. 휘청이는 덩굴 줄기는 난간에 묶어 고정하고, 부러질 염려가 있는 스탠다드 장미의 줄기는 주변 사물에 동여맨다. 바닥은 꽃잎과 잎 등의 잔여물이 남지 않도록 깨끗이 청소한 뒤 마지막으로 배수구의 뚜껑을 모두 열어 물길을 확보해두면 태풍 대비를 위한 준비가 끝난다.

오랜만에 먹구름이 가득한 하늘이었다. 바람에 실려 오는 비릿한 물 냄새가 싫지만은 않다. 반가운 태풍이 폭염과 가뭄을 한꺼번에 데려가 주기를 조용히 기도했다.

가을

9월, 10월, 11월

병해충에 시름하는 장미들

늦여름 태풍으로 폭염이 완전히 물러나고 비가 자주 내리면 가뭄도 어느 정도 해소된다. 그런데 너무나도 다행스러운 일이고 여름 내내 바랐던 일이지만 아이러니하게도 이 상황이 정원의 상태를 더욱 악화시켜버리곤 한다. 시원하면서도 따뜻한 그야말로 완벽한 기온과 2주에 한 번 이상 내리는 비는 흑점병과 함께 온갖 해충들을 불러 모으기 때문이다. 살포용 화학 농약을 사용하지 않는 정원에서 이 정도의 병해충은 감당해내기가 어렵다. 병든 잎을 아무리 떼어내도 다음 비가 내리면 병은 더욱 창궐하고, 애벌레를 아무리 잡아보아도 수십, 수백 개의 알이 부화하는 것은 어찌할 방도가 없다.

탐스러운 가을 장미

언제 더위가 있었냐는 듯 노랗던 하늘은 새하얀 뭉게구름이 몽글몽글한 쪽빛 하늘로 변했고, 불가마같이 습하고 답답했던 공기는 가슴속까지 시원하게 만드는 바람이 불면서 감쪽같이 사라졌다. 이때에도 장미의 병증은 쉬이 잡히지 않지만 날씨가 시원해지면 시간이 멈춘 듯한 장미에 꽃봉오리와 새잎이 폭발하듯 나고 추석을 기점으로 가을 장미가 피기 시작한다.

봄 장미와 가을 장미는 비슷한 듯하지만 전혀 다른 모습을 보여준다. 봄에 피는 장미는 엄청나게 무리를 지어 탐스러운 꽃을 피우지만 이내 찾아든 더위에 곧 사그라지고 만다. 이에 반해 가을에 피는 장미는 꽃의 수는 적어도 선명한 색감과 함께 한 송이의 꽃이 매우 크고 꽃잎의 수가 많아 더욱 화려하고 아름다운 모습을 보여준다. 특히 가을에는 기온이 오르지 않아 봄에 비해 개화 기간이 매우 길다. 이때부터 서리가 내리기 전까지 가드너는 좀 더 여유 있게 정원을 즐길 수 있다.

사랑과 평화의 정원

장미는 아름다움의 대명사이지만 오랜 시간 나와 다른 종교, 문화, 인종을 이해하고 인정하는 사랑과 평화의 상징이기도 했다. 몇 해 전부터 활동 중인 '한국장미회'에서 올해 9월 21일 '세계 평화의 날World Peace Day'을 기념해 전쟁 및 폭력 행위의 중단과 평화의 염원을 담아 이주민들의 복합문화센터인 파주 '아시아의 등대'에 장미 정원을 조성했다. 서리가 내려 유난히 추운 파주의 아침이었지만 이른 아침부터 기부 정원을 위해 많은 분들이 모였다. 시간의 제약이 있었기 때문에 모두들 서둘러 작업을 시작했다.

정원 만들기의 첫 번째 단계는 토양 개량이다. 유기질이 풍부해 기름지고 물 빠짐이 원활한 토양에서 장미는 가장 아름답게 성장한다. 척박한 토양에는 퇴비를 넣어 생기를 불어넣고, 점토질이 많아 배수가 불량한 토양에는 깨끗한 모래 또는 마사를 섞어 물 빠짐이 원활하도록 만든다.

다음으로 해가 충만한 명당자리에 장미를 심는다. 장미를 심을 때에는 성장 후의 수형과 높이를 고려하고, 화형과 색의 어울림을 계산한 뒤 심는 것이 좋은데, 키가 작은 장미는 같은 품종의 경우 50~80cm, 다른 품종의 경우 100~150cm 간격으로 심어야 완전히 성장한 후에 조화롭게 군락을 이룬다. 장미를 심고 나면 그 주위로 장미와 어우러져 자라는 초화류를 심어 심심할 수 있는 정원에 포인트를 준다. 모든 식물이 심어진 다음으로는 멀칭을 하고 마지막으로 땅 깊숙이까지 물이 닿을 수 있도록 충분히 관수하면서 식재를 마무리한다.

늘 혼자서만 하던 일을 여러 사람들과 함께 작업한다는 것이 어색했지만, 단순히 나만의 정원을 가꾸고 즐기는 데 그치지 않고 장미와 함께하는 기쁨을 더 많은 사람들과 나눈다는 것은 또 다른 희열이었다. 다가올 봄, 함께 만든 장미 정원이 어떤 모습으로 변해 있을지 벌써부터 기대가 된다.

장미 꽃다발을 만들다

해마다 겨울이 오기 직전 정원에 남은 장미를 모두 잘라 꽃다발을 만든다. 마지막 장미
만큼은 피는 순간부터 지는 모습까지 온전히 즐겨보자는 마음에서다. 이렇게 만든 꽃다
발은 한 해 동안 고생한 나에게 주는 선물이기도 하다. 그런데 올해는 비와 함께 곧바로
추위가 온다는 소식도 있고 이른 한파도 예보되어 있어 꽃다발 이벤트를 조금 앞당겼다.
올 가을 장미는 여름 폭염의 여파로 새로운 줄기가 나오지 않아 꽃봉오리 수가 대폭 줄
었다. 그래서인지 대부분의 장미가 한 줄기에 커다란 꽃을 피워 절화로 사용하기에 적
당했다. 꽃을 다듬고 꽃다발을 만들 때면 심긴 장미를 보는 것 이상의 기쁨을 느낀다. 정
성을 다해 키운 장미이니 경건한 마음까지도 든다. 올해의 꽃다발도 어김없이 아름답
다. 겨울이 오려면 아직 시간이 남아 있지만 올 한 해도 고생한 나에게 수고했다고 말하
고 싶다.

단풍 지는 정원

빨갛게 물든 단풍으로 가을이 왔음을 알려주던 배롱나무의 잎이 어느새 하나둘 떨어지기 시작한다. 여름 폭염이 길어지면서 요즘 가을은 유난히 서늘하고 비가 자주 내린다. 가을 정원을 충분히 즐길 새도 없이 11월부터 오전 온도가 0도 가까이 떨어지기도 한다. 장미는 겨울 추위를 어느 정도 이겨낼 수 있도록 하는 것이 좋기 때문에 미리 보온을 서두를 필요는 없지만, 뿌리가 자리 잡지 못한 어린 묘목은 찬바람을 막을 수 있는 공간으로 옮기는 것이 안전하다. 추위를 견디지 못하는 식물들은 따뜻한 집 안으로 들이고 어린 장미는 저녁이면 옥상 계단 안쪽으로 들였다가 해가 뜨면 내놓기를 반복한다.

가드너는 추위가 본격적으로 시작되기 전에 겨울을 대비한 준비를 해야 한다. 밑동에서부터 나오는 흡지나 새로 나오는 어린 싹은 가장 연약한 부위로 찬바람이 불면 냉해를 입을 수 있기 때문에 오후의 온도가 10도 이하로 내려가기 전에 미리 잘라내고 도포형 살균제를 바른다. 또, 여름 전정, 겨울 전정처럼 강한 전정은 필요 없지만 보온재를 두를 수 있을 정도의 높이와 모양으로 가볍게 전정을 하는 것이 추후 본격적인 겨울 대비를 위해 효과적이다. 가을꽃이 한창인 때라 여유를 부리다 보면 갑작스러운 한파에 불상사가 생길 수 있으니 미리미리 준비하는 것이 좋다.

정원의 월동 준비

11월은 황금 같은 계절이다. 겨울을 앞두고 있다는 사실이 믿기지 않을 정도로 맑고 파란 하늘에 눈부시게 빛나는 쨍한 햇빛이 기분을 상쾌하게 만든다. 9월부터 피기 시작한 장미는 11월까지 피고 지기를 반복하고, 심지어 새 꽃봉오리가 맺히기도 한다. 이 정도 날씨라면 겨울 보온도 천천히 정성을 다해 할 수 있겠다는 생각이 든다. 하지만 역시나 방심은 금물이다. 지난해 오전 온도가 영하권으로 떨어진 지 3일 만인 11월 19일 옥상의 온도가 영하 7도로 떨어지면서 갑자기 겨울 날씨로 돌변했고 마지막 주에 함박눈이 내려 정원이 겨울왕국이 되어버렸다. 분명 하루 전까지만 해도 금방이라도 만개할 듯했던 꽃봉오리는 사탕 알맹이같이 단단하게 얼어버렸고, 푸른 잎은 밤새 내린 눈을 맞아 하얗게 변했다. 덩달아 내 얼굴도 새하얗게 질려 느긋하게 하려던 보온 작업을 서두를 수밖에 없었다.

기본적으로 월동이 가능한 장미는 어느 정도 겨울 추위를 충분히 겪는 것이 좋다. 연중 지속적으로 꽃을 피우는 품종이라면 겨울 휴면기 동안 힘을 비축하기 때문에 더더욱 추위를 경험하는 것이 중요하다. 단, 최근 들어 겨울 기온이 극심하게 떨어지면서 내한성이 약한 품종이나 어린 묘목, 화분 장미의 경우에는 별도의 보온이 필요해지고 있다. 특히 화분 장미는 땅에 심은 장미에 비해 월동 능력이 현저히 떨어지기 때문에 보온 준비 시기도 당기고 보온도 철저히 해야 한다.

대부분의 장미가 화분 장미인 필자의 정원에서는 최저 온도가 영하 5도 이하로 3일 이상 지속되면 화분 주위를 보온덮개와 보온용 에어캡, 식물용 보온 부직포 등을 둘러 보온하고 있다. 온도가 영하로 떨어지지 않는다면 뿌리를 강하게 만드는 칼리비료를 2주

간격으로 관수한다. 칼리비료는 한 해 동안 정성스레 키운 장미가 다음 봄에도 무사히 살아남아 꽃을 피울 수 있도록 도움을 준다.

겨울

12월, 1월, 2월

극심한 한파

예부터 3일 춥고 4일은 따뜻한 우리 겨울 날씨를 삼한사온三寒四溫이라 했다. 그런데 최근 겨울 날씨는 온溫은 사라지고 그 자리를 극심한 한파가 대신하고 있다. 겨울의 짧은 해가 진 뒤 정원의 온도는 무려 영하 20도까지 떨어진다. 이곳이 정말 내가 살던 대한민국이 맞나 싶을 정도로 어마어마한 추위다. 이렇게 본격적인 한파가 시작되면 화분 장미의 보온을 마무리하고 땅에 심은 장미의 보온을 서둘러야 한다. 내한성이 아무리 강한 품종이라도 한파가 길어지면 냉해를 입기 때문에 장미 둘레를 보온재로 감싸고 바람을 막아주는 것이 안전하다. 접목 부위가 외부로 노출되는 경우에는 흙을 돋우고 멀칭재를 더욱 높이 쌓아 뿌리가 얼지 않도록 한다.

봄이 오기를 기다리는 것 말고 12월의 정원에서는 더 이상 할 일이 없다. 땅이 얼고 장미가 휴면기에 들어가는 겨울은 가드너에게 진정한 휴가 기간이다. 몇 해 전 겨울만 해도 장미를 보지 못한다는 아쉬움이 컸는데 휴식의 기쁨을 즐기게 된 지금은 오히려 겨울을 기다리게 된다. 정원 일에 손을 놓을 수 있게 되면 그동안 떠나지 못한 여행도 가고, 배우고 싶었던 것들을 배운다. 1년 중 유일하게 쉴 수 있는 겨울이 해가 지날수록 고마워진다.

함박눈 내리던 날

회색빛 하늘. 주위는 숨소리만 간신히 들릴 정도로 조용하다. 차가운 바람이 멈추고 시간마저 멈춘 듯 고요해지면 이내 겨울 함박눈이 찾아온다. 눈 쌓인 정원은 꽃이 핀 모습과는 또 다른 아름다움을 보여준다. 어느 때보다 깨끗하고 정갈한 정원을 홀린 듯 바라보다 쌓인 눈을 밟으면 뽀드득 하는 소리가 기분 좋게 귓가를 간질인다.

기분 좋은 눈의 감촉을 좀 더 즐기고 싶지만 토분이 가득한 정원에서 함박눈은 불청객이다. 토분 주위로 쌓인 눈을 그대로 두었다가는 눈이 얼고 녹기를 반복하며 토분을 깨뜨릴 수 있다. 또 사방이 막혀 있는 옥상이라 눈을 치우지 않으면 바닥이 금세 얼음판이 되고 만다. 아름다운 풍경이 사라지는 것은 아쉽지만 찰나의 아름다움은 사진으로 남기고 서둘러 눈을 깨끗하게 쓸어 치운다. 겨울이면 정원에서 할 일이 아무것도 없다고 생각했지만 역시나 한시도 정원에서 눈을 떼기란 쉽지 않다.

장미 정원의 겨울나기

지구온난화는 재난 영화로 끊임없이 회자되는 주제이고 몇 해 전에는 예능 프로그램에서 다룰 정도로 일상적인 문제가 되었지만 바쁘고 힘든 현실을 살아가는 나에겐 아무 상관없는 먼 이야기이기만 했다. 그런데 정원을 가꾸는 지금 지구온난화는 나에게도 더 이상 외면할 수 없는 문제가 되었다.

북극의 온도가 올라가자 추위를 잡아주던 제트기류가 느슨해졌고 결국 우리나라는 최근 러시아의 모스크바보다 더 추운 겨울을 맞고 있다. 살을 에는 듯한 찬바람에 오가는 사람이 사라진 거리는 한산하다. 사람도 견디기 힘든 추위를 온몸으로 맞은 장미들 중에는 끝내 추위를 버티지 못하고 꺾이는 아이들이 속출한다. 앞으로 이런 추위가 얼마나 더 반복될지, 겨울 정원의 장미들은 그야말로 바람 앞의 등불 같은 신세다.

극한의 추위에도 불구하고 찬바람이 들지 않는 온실의 장미들은 빨갛게 눈을 부풀린다. 벽 하나를 사이에 두고 삶과 죽음이 공존한다는 사실은 안타깝지만 다가올 봄을 위해서는 떠나간 장미들에 마음 아파하고 있을 수만은 없다. 온실의 장미는 노지의 장미에 비해 잎이 빠르게 나오고 추위에 영향 받지 않기 때문에 겨울 전정과 함께 시비를 해준다. 해가 들어 온도가 영상으로 올라가면 온실에서 장미를 꺼내 바람을 쐬어주는 것도 좋은 방법이다. 아직 바깥은 한겨울 같지만 온실의 기온은 빠르게 올라가고 가드너의 심장박동도 함께 빨라진다. 봄이 코앞으로 다가왔다.

장미는 독보적인 존재감과 아름다움을 지니고 있으면서 우리 생활에서 어렵지 않게 접할 수 있는 꽃이다. 최근에는 정원뿐만 아니라 아파트 베란다에서도 키울 수 있는 품종이 개발되어 전문 가드너에게뿐 아니라 일반 대중에게도 인기를 끌고 있다. 하지만 관리가 매우 까다로운 장미는 누구나 쉽게 키울 수 있는 식물은 아니다. 2부에서는 장미에 대한 기본적인 정보와 장미를 보다 건강하고 아름답게 키울 수 있는 방법에 대한 이야기를 담았다. 초보 장미 집사들이 장미를 키우고 관리하는 데 조금이나마 도움이 되었으면 한다.

2부

장미 정원을
위한
가드닝 노트

장미 이야기

·

조제핀 황후와 말메종의 장미

장미 일러스트레이션의 거장, 피에르 조제프 르두테

한국의 장미

조제핀 황후와 말메종의 장미

꽃의 여왕이라 불리는 장미는 3,000만 년 이상 된 화석이 발견되었을 만큼 오래전부터 지구상에 존재해왔다. 인간과 함께해온 역사 또한 상당한데, 3,000년 전 고대 이집트, 바빌로니아, 페르시아, 중국 등지에서 장미를 재배했다는 기록이 남아 있다. 하지만 오랜 시간 향료와 약용으로 재배되었던 장미는 지금 우리가 흔히 알고 있는 장미와는 많이 다른 모습이었다.

오늘날 우리가 장미라고 부르는 형태의 꽃이 본격적으로 개발되기 시작한 것은 18세기, 프랑스 나폴레옹 1세 시대부터다. 나폴레옹 1세의 황후였던 '조제핀 황후'는 한 해에 장갑 900켤레, 구두 500켤레를 주문할 정도로 사치스러웠는데 정원에 대한 욕심도 남달랐다. 그녀는 파리 근교의 말메종 성을 구입한 후 정원에 대한 자신의 애정을 구체적으로 실현해나가기 시작했다.

조제핀 황후는 유럽에서 가장 아름다운 정원을 만들겠다는 의지를 담아 가드너 '앙드레 뒤퐁André Dupont'과 함께 말메종 성의 정원을 정성껏 꾸몄는데, 앙드레 뒤퐁은 특히 장미를 사랑했던 조제핀 황후의 취향에 맞춰 정원을 다양한 종의 장미로 채웠다. 이미 사치와 향락으로 국가 재정을 어지럽히고 있었지만 그녀의 남편 나폴레옹 1세 역시 말메종 정원에 대한 지원을 아끼지 않았다. 그는 영국과의 전쟁으로 혼란한 상황임에도 불구하고 전쟁 중에 새로운 장미 종자를 발견하면 반드시 말메종 성으로 보냈다고 한다. 이때 중국과 아메리카 대륙, 페르시아 등지에서 발견되어 프랑스로 보내진 장미가 250여 종에 이르렀고, 이후 말메종의 정원에는 1,840여 그루의 장미가 꽃을 피우게 되었다.

극심한 사치로 나라를 어지럽힌 장본인이지만 아이러니하게도 조제핀 황후의 장미 정

〈말메종 정원의 조제핀 황후〉, 피에르 폴 프뤼동, 1805.

조제핀황후   말메종의 추억

원은 장미의 역사에서 매우 중요한 역할을 수행했다. 이 시기에 습득한 장미 재배 기술
은 현대 장미 재배의 기초가 되었으며, 이후 수많은 변종 장미 종자가 만들어져 전 세계
로 퍼져나갔다.

말메종 성은 조제핀 황후의 사후 수차례 주인이 바뀐 끝에 1906년 국립박물관으로 지정
되어 현재까지 운영되고 있다. 오랜 방치로 조제핀 황후가 가꾸던 말메종의 장미 정원
은 사라졌지만 '조제핀 황후Empress Josephine', '말메종의 추억Souvenir de la Malmaison'이라는
이름의 장미가 19세기 초 개발되어 장미를 사랑하는 이들이 여전히 그들의 노고를 기리
고 있다.

장미 일러스트레이션의 거장, 피에르 조제프 르두테

1759년 벨기에에서 태어난 화가 '피에르 조제프 르두테Pierre Joseph Redouté (1759~1840)'는 보태니컬 아트의 거장으로 잘 알려진 인물이다. 르두테는 화가 집안에서 태어나 아주 어린 시절부터 아버지에게 미술 교육을 받았고 열다섯 살이 되던 해 부모 곁을 떠나 여러 나라를 여행하며 부르주아들의 초상화 작업, 실내장식, 종교화 작업 등 여러 일을 경험했다.

1782년 프랑스 파리에서 식물 애호가인 귀족 '샤를 루이'의 눈에 띤 르두테는 그의 가르침으로 보다 과학적이고 정확하게 식물을 표현할 수 있게 되었고, 이후 영국 왕립 큐가든Kew Garden에 들어가게 되면서 본격적으로 그림 실력을 쌓게 되었다. 프랑스로 돌아온 르두테는 1793년까지 마리 앙투아네트 왕비의 전속 꽃 그림 화가로 활동했다. 꽃에 대한 정확한 이해와 분석을 바탕으로 꽃의 특징을 정확히 짚어내 표현할 줄 알았던 그는 식물을 매개로 한 일러스트레이션을 급속도로 발전시켰는데, 때마침 본인의 정원에 있는 식물들을 보다 심도 있게 연구하고 기록하고 싶어 했던 조제핀 황후의 전폭적인 지원을 받게 된다. 르두테는 1817년부터 1824년에 걸쳐 말메종 정원의 167종의 장미와 그 변종을 담은 화집《장미Les Roses》시리즈를 출간하면서 큰 성공을 거뒀다. 조제핀 황후를 만나 그야말로 화가 인생에 날개를 달게 된 것이다.

비록 그의 삽화에는 어떠한 설명과 표본도 첨부되어 있지 않았지만 조제핀 황후 사후 말메종 정원이 사라지게 되면서 당시 말메종 정원의 식물들을 연구할 수 있는 귀한 자료로 남게 되었고 현대 장미 개발의 모티프가 되었다.

Rosa Muscosa alba   *Rosier Mousseux à fleurs blanches*

조제프 르두테의 장미 일러스트.

한국의 장미

'장미' 하면 가장 먼저 떠오르는 나라는 영국과 프랑스다. 반면 청렴과 결백을 중시해온 우리 정서에 다양하고 화려한 색상, 매혹적인 화형을 선사하는 장미가 아주 오래전부터 사랑받아 왔다는 사실을 아는 사람은 그리 많지 않다.

현대에 존재하는 수많은 품종의 장미들은 오랜 세월에 걸쳐 자연적, 인공적 교잡을 통해 만들어진 개량종들이다. 이러한 장미들은 기본이 되는 몇 가지의 원종 장미를 바탕으로 개량이 되는데, 우리나라에도 현대의 장미를 존재하게 만든 여러 원종 장미들이 자생하고 있다. 5월이면 앙증맞은 크기의 하얀 꽃이 만개하는 찔레꽃, 바닷바람을 맞으며 강력한 색과 향기를 뿜내는 해당화와 돌가시나무, 인가목, 생열귀나무, 용가시나무 등이 그 예이다.

그런데 현재 남아 있는 옛 문헌들을 보면 우리 선조들은 이 식물들을 통칭해 장미라고 부르지도 않았을뿐더러 오히려 오늘날 우리가 보는 장미와 유사한 형태의 식물을 '장미'라 칭하고 재배해왔음을 알 수 있다. 우리 옛 문헌에 '장미'가 처음 등장한 것은《삼국사기》에 실려 있는 설총의 〈화왕계花王戒〉로 이 설화는 설총이 신문왕을 깨우치기 위해 만든 것이다.

> 화왕花王께서 처음 이 세상에 나왔을 때, 향기로운 동산에 심고, 푸른 휘장으로 둘러싸 보호하였는데, 삼촌가절三春佳節을 맞아 예쁜 꽃을 피우니, 온갖 꽃보다 빼어나게 아름다웠다. 멀고 가까운 곳에서 여러 꽃들이 다투어 화왕花王을 뵈러 왔다. 깊고 그윽한 골짜기의 맑은 정기를 타고난 탐스러운 꽃들과 양지 바른 동산에서 싱그러운

해당화   찔레꽃

향기를 내며 피어난 꽃들이 앞다투어 모여들었다. 문득 한 가인佳人이 앞으로 나왔다. 붉은 얼굴에 옥 같은 이와 신선하고 탐스러운 감색 나들이옷을 입고 아장거리는 무희舞姬처럼 얌전하게 화왕에게 아뢰었다. "이 몸은 백설의 모래사장을 밟고, 거울같이 맑은 바다를 바라보며 자랐습니다. 봄비가 내릴 때는 목욕하여 몸의 먼지를 씻었고, 상쾌하고 맑은 바람 속에 유유자적悠悠自適하면서 지냈습니다. 이름은 장미라 합니다. 임금님의 높으신 덕을 듣고, 꽃다운 침소에 그윽한 향기를 더하여 모시고자 찾아왔습니다. 임금님께서 이 몸을 받아주실는지요?"

모란과 장미를 의인화하여 만든 이야기 속에서 우리 선조들이 장미가 왕의 꽃으로 대접받던 모란과 비교해도 뒤떨어지지 않을 만큼 아름답다고 생각했음을 알 수 있다. 또한 이미 오래전부터 장미를 접하고 재배해왔다는 사실도 알 수 있다. 장미는《고려사》,《조선왕조실록》에서도 지속적으로 등장한다. 조선 세조 때의 문신 '강희안'이 지은 원예도서《양화소록養花小錄》에서는 꽃과 나무의 품격과 의미에 따라 등급을 나누는데, 이중 장미를 가우佳友(아름다운 벗)라 하여 화목 9품계 중 5등으로 넣기도 했다.

장미는 문헌뿐만 아니라 민화와 같은 그림에서도 어렵지 않게 찾아볼 수 있다. 중국 자생종으로 현대 장미의 기원 종 중 하나인 월계화는 봄부터 가을까지 언제나 아름다운 꽃을 피우는 특징이 있어 장춘화長春花라고도 불렸다. 민화 속의 월계화는 늙지 않고 오래도록 청춘을 유지하라는 의미를 지녀 화공들의 단골 소재로 사용되었다.

이처럼 장미는 오랜 세월 우리 곁에 있어왔지만 오늘날 우리가 생각하는 다양한 품종의 서양 장미는 광복 이후 미국과 유럽 등지에서 들어온 것이 그 시초다. 그런데 불행하게도 1960년대 새마을운동과 함께 급격한 경제성장과 재개발 사업이 벌어지면서 단독 주택과 정원이 사라져 새롭게 들여온 장미 품종들이 보급될 여건이 조성되지 못했고, 국내 장미 산업은 사양길로 접어들었다. 하지만 가드닝에 대한 관심이 점차 높아지고 도시정원과 실내 가드닝 등이 트렌드가 되면서 국내 곳곳에 장미를 테마로 한 정원들이 개장했고, 최근에는 해외의 다양한 브랜드 장미들이 국내에 수입되면서 장미 애호가들을 중심으로 다시 한번 장미에 대한 관심이 높아지고 있는 추세다.

장미의 분류

학술적 의미의 장미

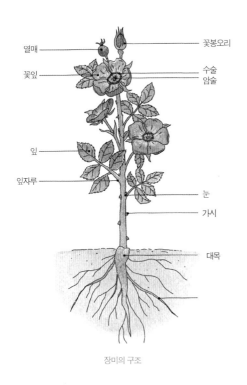

열매
꽃잎
잎
잎자루

꽃봉오리
수술
암술
눈
가시
대목

장미의 구조

장미는 쌍떡잎식물 장미목 장미과 장미속에 속하는 모든 식물을 지칭하는 명칭으로, 아시아와 유럽, 북아메리카, 북아프리카 등 북반구의 한대, 온대 지역을 중심으로 100종 이상의 야생종이 서식하고 있다. 오늘날 우리가 알고 있는 장미는 야생 장미의 자연 잡종과 돌연변이 또는 인위적 개량에 의해 만들어진 품종으로, 현재 수많은 육종 회사에서 해마다 수십 종 이상의 품종을 개발하고 있어 더 이상 품종의 수를 헤아릴 수 없을 정도가 되었다.

개발된 품종이 많아지면서 저마다 지닌 개성과 특징이 다양해진 장미는 관리의 편의를 위해 역사적 시기나, 특징 등으로 분류되기도 하지만, 지속적인 개발로 각각의 특징들이 서로 조합되고 해체되며 최근 개발되는 장미들은 그 분류의 경계가 모호해지고 있다.

장미의 역사

장미는 고대 그리스, 로마를 비롯해 이집트, 메소 포타미아, 중국 등지에서 재배되었을 만큼 서식지가 광범위하게 분포해 있다. 하지만 나라 간 교류가 활발하지 못한 탓에 식용, 미용 등으로 이용하기 위해 재배되었을 뿐 장미의 아름다움을 즐기기 위한 품종 개량은 오랫동안 이루어지지 못했다.
이러한 상황은 11세기 말 십자군 전쟁을 비롯한 수많은 전쟁이 전 세계를 휩쓸면서 전환점을 맞게 된다. 잔혹했던 전쟁이 아이러니하게도 세계 각지에 흩어져 있던 장미들을 유럽으로 모으는 계기가 된 것이다. 이후 본격적으로 장미에 대한 연구와 교배

월계화

가 활발하게 진행되어 현대 장미의 틀을 마련하게 되었다. 현재 올드 로즈Old Rose라 불리는 대부분의 품종은 이 시기에 개발된 것들이다.

올드 로즈는 강한 향기와 다양한 색, 아름다운 화형으로 오랜 시간 정원 장미로 사랑을 받았지만 한 가지 아쉬운 점이 있었다. 바로 꽃이 피는 시기가 봄 또는 봄, 가을로 한정되어 있다는 것이었다. 이런 올드 로즈의 단점은 18세기 중국에서 월계화China Rose가 들어오면서 극복된다. 사계절 꽃을 피운다는 의미에서 '사계화', 또는 매월 꽃을 피운다는 의미에서 '월계화'라고도 불리는 이 장미는 유럽인들에게는 획기적인 발견이었다. 월계화와 올드 로즈의 교배로 연중 개화가 가능한 장미들이 개발되기 시작한 것이다.

라 프랑스

이후 조제핀 황후의 장미 시대를 지나 장미의 품종 개량과 재배 기술이 혁신적으로 발전
하면서 드디어 1867년, 프랑스의 '장 밥티스트 기요Jean-Baptiste André Guillot에 의해 '라 프
랑스La France'라는 이름의 장미가 탄생한다. 라 프랑스는 최초의 하이브리드 티 장미로,
강한 향기와 거대한 꽃, 여름에도 지치지 않고 연중 꽃을 피우는 획기적인 장미였다. 라
프랑스의 등장으로 올드 로즈의 시대가 가고 모던 로즈Modern Rose의 시대가 도래했다.

장미의 다양한 분류 방법

장미는 18세기 이후 수많은 재배 변종이 개발되어 최근까지 집계된 품종만 2만 5,000여 종에 이르고 현재도 매년 수십 종 이상의 품종이 개발되고 있다. 가드너들은 수많은 품종의 장미들을 용이하게 관리하기 위해 품종의 특성에 따라 장미를 여러 분류로 나누어 관리하고 있다. 다만 가드너들마다 분류 기준이 다르기 때문에 학술적으로 명확하게 정의되고 있지는 않다. 다음에 소개하는 장미의 분류법은 '등장 시기', '계통', '수형', '화형' 등에 따른 것으로 통용되고 있는 분류를 필자의 경험에 따라 재분류한 것으로 한 요소가 여러 분류에 공통으로 등장하는 것이 있으니 참고하여 읽어주기 바란다.

| 등장 시기에 따른 분류 |

● 야생 장미

야생 장미 Wild Rose는 올드 로즈의 등장 이전 수만 년의 시간 동안 세계 각지에 분포해 자생하고 있었다. 대부분의 야생 장미는 연중 한 번 꽃이 피는 특성이 있고 예로부터 식용, 약용, 미용 등을 위해 재배되기도 했다. 우리나라의 찔레, 해당화, 돌가시나무, 인가목 등이 여기에 해당되는데, 야생 장미는 인공적으로 개량되

야생 장미에 속하는 해당화

는 현대 장미들의 기본 재료로 사용되었다.

● 올드 로즈

올드 로즈는 '라 프랑스'의 등장 이전
자연적, 인공적 교배로 태어난 모든 장
미 품종을 말한다. 야생 장미에 비해 화
형이 우아하고 화려하며 강한 향을 지
니고 있지만 봄 또는 봄, 가을 두 번 꽃
을 피우는 것이 많고, 추위를 견뎌내는
내한성과 벌레와 병에 대한 내병성이
약한 단점이 있다. 18세기 이후 장미 재

루이즈 오디에Louise Odier, 부르봉(올드 로즈 중 프랑스령
부르봉 섬에서 자연적 돌연변이로 생겨난 품종) 장미, 1851

배 기술이 발달하면서 중국의 월계화와 교잡을 통해 사계절 꽃을 피우는 품종이 개
발되기도 했다. 등장 이후 수세기가 지났지만 아름다운 화형과 향기로 많은 품종들
이 현재까지도 명맥을 이어가며 사랑받고 있다.

● 모던 로즈

모던 로즈는 '라 프랑스'의 등장 이후
현재까지 개발되고 있는 모든 장미 품
종을 말한다. 화형과 색, 향기, 성장세
어느 하나 특정 지을 수 없이 품종마다
개성이 뚜렷하고 올드 로즈에 비해 내
한성과 내병성이 강한 것이 특징이다.
최근에는 영국의 데이비드 오스틴 사를

라 프랑스, 하이브리드 티 장미, 1867

치치의 사계절 장미 정원

비롯한 많은 육종 회사들이 올드 로즈의 화형과 향기를 응용한 품종들을 개발하면서 새로운 트렌드를 만들어나가고 있다.

| 계통에 따른 분류 |

● 하이브리드 티 장미

모던 로즈의 등장을 알린 하이브리드 티hybrid tea: H.T. 장미는 티Tea 계열과 하이브리드 퍼페추얼hybrid perpetual 계열의 교잡으로 만들어진 계통으로 높이 1.5m 정도의 관목형 장미다. '티'라는 단어에서 알 수 있듯이 꽃에서 차 향기가 나는 것이 특징인데, 강한 향기가 매력적이다. 하이브리드 티

콘라트 헹켈Konrad Henkel, 하이브리드 티 장미, 1977

장미는 주로 줄기 하나에 한 송이 꽃이 피는데 꽃송이의 크기가 10~15cm 정도로 매우 큰 편이다. 단, 한 송이의 꽃 크기는 크지만 나무 한 그루에서 볼 수 있는 꽃의 수가 많지 않기 때문에 넓은 정원에 식재할 때는 단일 품종을 무리 지어 심는 것이 보기 좋다.

● 플로리분다 장미

플로리분다floribunda: Flo.장미는 하이브리드 티 계열과 폴리안타polyantha: Pol. 계열의 교잡으로 만들어진 계통으로, 많은poly 꽃antha 이라는 의미의 폴리안타의 이름에서

짐작할 수 있듯이 5~10cm의 비교적 작은 크기의 꽃이 핀다. 단일 꽃으로는 하이브리드 티 장미에 비해 크기가 작지만 만개 시에는 녹색 잎이 꽃에 가려져 보이지 않을 정도로 많은 꽃이 피기 때문에 매우 화려하다.

골든 보더golden Border, 플로리분다 장미, 1993

● 그랜디플로라 장미

그랜디플로라grandiflora: GR 장미는 1954년 미국의 '퀸 엘리자베스Queen Elizabeth' 장미의 등장으로 생겨난 계열로 하이브리드 티 장미와 플로리분다 장미의 교잡으로 만들어졌다. 두 계통의 좋은 성질을 이어받아 다화성의 크고 튼튼한 꽃이 오래도록 피고, 1.8m 이상 직립형으로 자라기 때문

퀸 엘리자베스, 그랜디플로라 장미, 1954

에 관리가 쉬운 것이 특징이다. 꽃의 크기는 10cm 이상으로 큰 편이고, 대부분 향기가 약하다.

● 덩굴장미

하이브리드 티 장미와 플로리분다 장미의 변이에 의해 생겨난 덩굴장미climbing: Cl.는 3m 이상 크게 자라는 것이 특징이다. 키가 작은 관목에 비해 꽃을 피우는 횟수는 적지만 큰 키로 인해 만개 시에는 넓은 범위에 걸쳐 극적으로 화려하게 핀 꽃을

볼 수 있다. 오래전 개발된 덩굴장미
들은 봄 한철 피고 마는 것이 대부분
이었지만 최근 개발되는 덩굴장미
중에는 연중 개화가 가능한 품종이
많아 그에 따른 끊임없는 관리가 필
요하기도 하다. 한 줄기에서 수많은
꽃이 피지만 2년 이상의 묵은 줄기에
서 꽃이 피기 때문에 새로 나오는 줄

에버골드Evergold, 덩굴장미, 1966

기는 다음 해까지 병해충과 냉해와 같은 피해를 입지 않도록 주의해야 한다.

● 미니어처 장미

미니어처miniature: Min.장미는 이름 그
대로 꽃과 나무가 작은 품종이다. 마
우리티우스 섬에서 발견된 '난쟁이
중국 장미'로 처음 알려진 이후 수차
례의 품종 개발로 색과 화형이 다양
해지면서 최근에는 사계 미니 장미
라는 이름으로 인기를 끌고 있다. 바
위틈에 심거나 화단 앞부분에 심는

오랑주 메이앙디나Orange Meillandina, 미니어처 장미, 1979

데 이용하기도 하고, 최근에는 바구니 걸이에 식재하기도 한다. 직사광선이 강하지
않은 밝고 통풍이 원활한 장소에서 키우는 것이 좋고 다른 장미들에 비해 병충해와
내한, 내병성이 약한 편이기 때문에 적절한 방제와 보온이 필요하다.

● 관목형 장미

1~2m 정도의 높이로 자라는 품종으로 대체로 줄기가 곧고 단단하며 관리가 쉬운 편이다. 하이브리드 티와 플로리분다 장미 대부분이 여기에 속한다. 개인적으로는 관목형 장미를 횡장성 장미, 직립성 장미, 반덩굴성 장미로 분류해 관리하고 있다.

※ 횡장성 장미

자라는 모양새가 옆으로 퍼지려는 성질이 있어 공간의 여유가 많지 않은 경우에는 수시로 수형을 다듬어주는 관리가 필요하다. 전체적으로 둥글게 자라기 때문에 꽃을 피웠을 때 균형 있게 아름다운 모습을 보이지만 지면과 가까이 자라는 줄기가 많기 때문에 상대적으로 흑점병에 걸릴 확률이 높다.

횡장성 장미

※ 직립성 장미

횡장성 장미에 비해 범위가 넓지 않고 줄기가 하늘을 향해 자라기 때문에 전정(가지치기) 등의 관리가 쉬운 장점이 있지만 너무 무성하게 많은 줄기를 방치할 경우 통풍 불량으로 인한 병충해가 생길 수 있으므로 수시로 나무 안쪽으로 자라는 줄기를 전지해주는 것이 좋다.

직립성 장미

※ 반덩굴성 장미

최근 개발되는 장미들 중 많은 품종이 반덩굴성
에 해당하고 특히 영국 데이비드 오스틴 사 대
부분의 장미들이 여기에 속한다. 관목형 장미
로 분류했지만 가드너의 의지에 따라 3미터 이
하의 낮은 덩굴장미로 키우는 것이 가능하기 때

반덩굴성 장미

문에 정원 디자인에 제약이 적은 편이다. 줄기는 정해진 방향 없이 나오는 것이
대부분이고 유연성을 지니고 있어 꽃이 피면 무게를 이기지 못하고 줄기가 처져
꽃이 바닥을 보고 피는 경우가 많다. 앞의 두 종류에 비해 관리의 난이도가 높지
만 유연하고 빠르게 성장해 정원을 보다 신속히 완성할 수 있게 해주고 가드너로
하여금 꽃을 키우는 재미를 느낄 수 있게 해준다는 장점이 있다.

● 덩굴장미

넝쿨장미라고도 불리는 덩굴장미는 관목형 장미에 비해 줄기가 유연하고 3m 이
상으로 거대하게 자라는 것이 특징이다. 덩굴이라는 단어가 붙지만 스스로 벽을
기어오르거나 구조물을 휘감는 능력이 없기 때문에 반드시 아치나 기둥, 벽, 오벨
리스크 등과 같은 시설에 인위적으로 지지하는 작업이 필요하다. 덩굴장미는 다시
'클라이밍 장미Climbing Rose'와 '램블러 장미Rambler Rose'로 나뉜다.

※ 클라이밍 장미

클라이밍 장미는 하이브리드 티 장미 또는 플로리분다 장미의 변이종이거나, 반
덩굴성 장미가 덩굴장미로 성장한 형태의 장미를 지칭한다. 8cm 이상의 큰 꽃

이 피기 때문에 '큰 꽃 덩굴장미 Large Flowered Climber Rose'라고도 한다. 봄과 가을에 꽃을 피우는 품종이 대부분이지만, 최근에는 사계절 꽃이 피는 품종들이 개발되고 있는 추세다. 좋은 꽃을 피우기 위해서는 전정과 시비 등의

클라이밍 장미

꾸준한 관리가 필요한데, 총 줄기의 수는 다섯 줄기 정도로 한정해서 키우는 것이 좋고, 너무 오래되어 목질화가 심한 줄기나 병증이 심한 줄기, 상대적으로 너무 약하고 가는 줄기 등은 수시로 잘라주는 것이 좋다.

램블러 장미

램블러 장미는 클라이밍 장미에 비해 줄기가 가늘고 단 시간 내에 거대하게 성장하는 특징이 있다. 5m 이상의 유연한 줄기는 그에 맞는 공간과 지지물을 필요로 한다. 대부분 봄 한철 꽃을 피우는데 3cm 이하의 작은 꽃을 셀

램블러 장미

수 없이 많이 피워 장관을 이룬다. 매우 야생적인 성장세로 특별히 전정을 필요로 하지는 않지만 가드너의 편의에 맞추어 약하고 병든 줄기나 너무 무성해진 줄기 등을 잘라주는 것도 좋다.

| 화형에 따른 분류 |

장미는 수만 가지 품종이 존재하는 만큼 꽃의 형태 역시 매우 다양하다. 다섯 장을 기본으로 하는 홑꽃부터 200장 이상의 꽃잎으로 이루어진 겹꽃까지 꽃잎의 수만으로도 다양하게 분류할 수 있고, 화형도 항아리 모양, 국화 모양 등으로 다양하기 때문에 단일 종만으로 정원을 구성할 수 있는 유일한 식물이기도 하다. 같은 화형의 꽃으로 구성된 정원은 통일감을 주어 안정적이면서 구성 후 실패가 적고, 여러 화형의 꽃을 섞은 정원은 품종 선택과 색 선택에 있어 신중함을 요구하지만 화려하고 지루하지 않은 정원을 만들 수 있다.

- ● **컵형**

  둥글면서 납작한 형태로 개화가 진행되면서 컵 모양에 가까운 모습이 된다. 꽃의 윗부분은 꽃잎이 안쪽으로 동그랗게 말려 들어가 있어 다른 화형에 비해 여성적이면서 귀여운 이미지의 화형이다.

컵형Cupped 장미

- ● 로제트형

  꽃의 상부는 대체로 평평하고 짧고, 꽃잎이 불규칙적으로 나열되어 있다. 꽃잎은 40~200장 정도로 매우 많은 편이고, 만개 시에는 접시처럼 납작한 형태가 되기도 한다. 최근에는 웨딩 부케용으로 인기가 많다.

● 단추 눈형

꽃의 중심에 단추 모양으로 꽃잎이 말려 들어가 있어 개성 있고 귀여운 인상을 주는 화형이다. 만개 시에는 단추가 열리면서 로제트 화형과 흡사하게 변하기도 한다.

● 쿼터 로제트형

로제트형과 유사한 형태이지만 중심의 꽃잎이 불규칙하지 않고 4등분으로 나뉘어 있어서 붙여진 명칭이다. 4등분이라고 하지만 때에 따라 3~6등분으로 나뉘기도 한다.

● 폼폰형

주로 5cm 이하의 작은 꽃에서 볼 수 있는 화형으로 수많은 작은 꽃잎이 국화꽃 모양으로 이루어져 있는 화형이다. 단일 꽃의 크기는 작지만 무수히 많은 꽃을 피워 풍성하고 화려한 것이 특징이다.

● 공 모양 화형

꽃잎의 수는 45장 이상으로, 전체적으로 안쪽으로 동그랗게 말려 있어 공과 같은 모양을 하고 있는 것이 특징이다. 만개 시에도 과도하게 벌어지지 않고 둥근 모습을 유지한다.

● 프릴형

꽃잎 끝에 물결 모양의 프릴이 있는 화형이다. 꽃잎의 수는 품종마다 홑꽃부터 100장 이상의 겹꽃까지 다양하고 꽃잎의 수와 상관없이 화려한 것이 특징이다.

로제트형Rosette 장미

단추 눈형Button 장미

쿼터 로제트형Quartered 장미

폼폰형Pompon 장미

공 모양 화형Incurved 장미

프릴형Frill 장미

작약형Peony 장미

항아리형High Centerd 장미

● 작약형

겹작약과 닮은 화형으로 짧고 많은 꽃잎이 불규칙하게 배열되어 있어 매우 화려하다. 만개 시에도 변화가 크지 않고, 여름 더위에도 화형이 망가지지 않고 유지되는 특징이 있다.

● 항아리형

꽃 아랫부분 배가 불룩하게 나오고 중심부가 높이 솟아 있어 항아리와 비슷한 모양을 하고 있다. 주로 하이브리드 티 계열의 장미에서 흔하게 볼 수 있는 형태의 화형이다.

꽃잎 수에 따른 분류

● 홑꽃형

5~8장의 꽃잎으로 구성되어 있고 중심에는 노란색 수술이 노출되어 단아한 분위기를 연출한다. 겹꽃에 비해 직사광선과 고온, 비 등에 약하기 때문에 오후의 강렬한 해를 가릴 수 있는 장소에 심는 것이 좋다.

홑꽃형Single 장미

● 반겹꽃형

8~20장 정도의 꽃잎이 2~3겹으로
겹쳐 있어 느슨하면서도 우아한 화형
이다. 홑꽃형과 마찬가지로 오후의 해
가 가려지는 장소에 심는 것이 좋고
서늘한 봄과 가을에는 꽃잎의 수가 더
많아지기도 한다.

반겹꽃형Semi-Double 장미

● 겹꽃형

꽃잎의 수가 20장, 많은 경우 200장
에 달해서 꽃이 매우 화려한 것이 특
징이다. 기온 차에 따라서 꽃잎의 수
와 화형이 달라지는 경우도 있기 때
문에 계절마다 색다른 매력을 느낄
수 있다.

겹꽃형Double 장미

| 꽃이 피는 모습에 따른 분류 |

● 단일형

10cm 이상의 큰 꽃 한 송이가 줄기의 맨 끝에서 피는 품종으로 주로 하이브리드 티
계열에서 볼 수 있다.

단일형Solitary 장미   다발형Cluster 장미   분사형Spray 장미

- **다발형**

  8cm 크기의 가운데 큰 꽃을 중심으로 주변에 여러 송이의 작은 꽃이 피는 형태로 주로 플로리분다 계열에서 볼 수 있다.

- **분사형**

  5cm 이하의 작은 꽃이 흩뿌린 듯 무수히 매달려 있는 품종으로 주로 덩굴장미 중 램블러 계열에서 볼 수 있다.

치치의 사계절 장미 정원

장미 가드닝
입문하기

·

가드닝의 시작

가드닝을 하면서 자주 듣게 되는 말 중 하나가 "제가 식물을 키우면 죽어요"라는 말이다. 물론 키우는 사람으로서는 최선을 다해서 키웠을지 모르지만 식물이 죽게 된 이유를 들어보면 결국 그 식물에 대한 이해와 식물을 키울 장소의 환경을 제대로 파악하지 못한 것이 가장 큰 요인이었다. 장미뿐만 아니라 어떤 식물이라도 키우기 전에 반드시 키우고자 하는 장소의 환경을 먼저 파악하는 것이 중요하다. 정원의 위치가 동, 서, 남, 북 사방 중 어느 방향에 해당하는지, 하루 중 해는 언제 몇 시간이나 들어오는지, 바람은 얼마나 부는지 등을 파악한 후에야 비로소 식물을 키울 수 있는 기본자세가 되었다 할 수 있다.

장소에 대한 이해를 마쳤다면 다음은 키우고자 하는 식물을 이해하는 것이 중요하다. 최근에는 전 세계의 다양한 식물들이 수입되고 있는데, 각 식물마다 특성이 매우 다르기 때문에 키우고자 하는 식물이 본래 어떤 환경에서 자라왔고 어떤 특성을 지니고 있는지를 파악한다면 실패를 줄일 수 있다.

가드닝의 조건

모든 식물은 저마다 생육에 필요한 조건이 다르지만 어떤 식물이라도 꼭 필요한 공통 조건이 있다. 바로 햇빛과 온도, 토양 그리고 바람이다. 내가 키우고자 하는 식물의 개별적 특징을 먼저 파악한 후 이 네 가지 기본 조건들을 충족시킨다면 식물을 키우는 어려움을 줄일 수 있다.

● 햇빛

식물은 광합성을 통해 양분을 만든다. 햇빛을 좋아하는 장미의 경우 하루 6시간 이상 온전히 햇빛을 받아야 건강하게 자랄 수 있다. 식물을 키우는 곳에 햇빛이 드는 정도를 알기 위해서는 우선 방향을 파악해야 한다.

해가 뜨는 방향인 동향은 식물이 가장 좋아하는 오전의 해가 충만한 방향이다. 하지만 너무 정직한 동향은 겨울 동안 해의 길이가 매우 짧아 금세 그늘이 질 수 있어 냉해와 동해 피해를 입을 확률이 높아진다. 해가 지는 방향인 서향은 오후의 해가 충만하고 겨울에 상대적으로 햇빛을 충분이 받을 수 있지만 한여름 동안에는 뙤약볕에 노출되어 꽃이 금방 시들고 식물이 쉽게 상할 수 있다.

해가 거의 들지 않는 북향은 빛을 좋아하는 식물보다는 음지 식물을 키우기에 알맞고, 겨울에는 찬바람이 쉽게 들기 때문에 내한성이 강한 식물을 키우는 것이 좋다. 마지막으로 남향은 사방 중 오전부터 오후까지 가장 오랜 시간 해가 드는 방향으로 음지 식물보다는 빛을 좋아하는 식물을 키우는 데 적합하지만 서향과 마찬가지로 여름에는 해가 너무 오래 들 수 있기 때문에 뙤약볕을 가려줄 가림막 또는 나무를 배치하면 도움이 된다.

그다음으로는 큰 나무나 건물 등으로 정원에 그늘이 만들어지는지를 파악해야 한다. 해가 가장 잘 드는 방향이더라도 바로 앞에 건물이 가로막고 있다면 음지가 되기 때문에 방향과는 상관없이 키울 수 있는 식물군이 달라질 수 있다. 마지막으로 식물을 키우는 장소를 살펴야 한다. 방향과 일조량이 같은 조건이더라도 실내의 경우 유리창 등으로 빛이 걸러져 들어오기 때문에 실외보다 더 많은 양의 빛을 필요로 하고, 경우에 따라서 빛이 부족한 실내에서는 햇빛을 대신하는 식물 조명을 달아 인공적으로 빛을 보충해야 한다.

● 온도

봄과 가을에 크고 아름답게 피었던 장미꽃이 여름이면 꽃 크기도 작아지고 화형도 볼품없이 망가지는 것을 본 적이 있을 것이다. 장미를 처음 접하는 사람이라면 형편없이 변해버린 꽃을 보고 자신이 뭔가 잘못했다고 오해하는 경우가 많은데, 사실 이러한 변화는 가드너의 잘못보다는 온도와 관계가 있다. 호광성 식물인 장미는 많은 양의 햇빛을 필요로 하지만 18도에서 25도 사이의 시원한 온도를 좋아하는 특징을 가지고 있다.

사계절이 뚜렷한 우리나라는 여름이면 매우 습하고 30도 이상의 고온에 열대야까지 발생한다. 식물의 광합성은 37도에서 멈추고 그 이상의 고온에서는 생육 장애를 일으키는데, 고온이 지속되는 경우에는 양분을 흡수하는 동화작용이 줄어들고 양분을 소비하는 이화작용이 증가하게 되어 꽃이 피게 되더라도 과도한 양분 소비로 봄과 가을에 비해 크기가 작고 괴상한 형태의 꽃이 피게 된다.

38도 이상의 폭염과 열대야가 지속될 때에는 잎이 타거나 장애가 오고, 화분에 심은 식물의 경우 이 시기에 물 주기를 잘못하거나 더위와 햇빛에 지나치게 노출시켰다면 말라죽거나 뿌리 채 삶아져 죽는 경우도 있다.

● **토양**

햇빛과 온도가 충족되더라도 식물에 맞는 토양이 없다면 식물을 키우는 데 어려움이 따른다. 물을 좋아하는 수국은 보수성이 좋은 흙에서 잘 자라고, 사막에서 자라는 선인장은 거름기와 보수성이 없는 모래에서 잘 산다. 이처럼 식물마다 필요로 하는 토양이 제각기 다르기 때문에 이를 파악하여 적합한 토양을 갖춰주는 것이 좋다. 월동 다년생이면서 연중 꽃을 피우는 장미는 물을 매우 좋아하지만 고여 있는 물에서는 뿌리가 쉽게 썩는다. 또 연중 꽃을 피워야 하기 때문에 많은 양의 퇴비를 필요로 하는데, 이 같은 특징을 조합해 장미는 보수와 배수가 좋으면서 비옥한 토양에 심는 것이 가장 바람직하다.

● **바람**

가드닝의 마지막 조건은 바람이다. 차갑고 건조한 겨울바람은 냉해와 동해를 유발하여 식물을 고사시키지만 따뜻한 환경에서의 바람은 병해충의 발생률을 낮추는 중요한 역할을 한다. 특히 바람이 불지 않는 실내의 경우 통풍이 되지 않기 때문에 실외에 비해 흰가루병과 응애 등의 피해가 더욱 심각한데, 이를 예방하기 위해 인위적으로 선풍기와 공기순환기 등을 사용하기도 한다.

장미 구매하기

꽃꽂이용 절화 장미는 양재동 꽃 시장이나 서초 고속터미널 꽃 시장 또는 동네에 위치한 꽃집 등에서 쉽게 접할 수 있지만 정원용 장미를 판매하는 곳을 찾기는 쉽지 않다. 아직 장미 분야의 발전이 더딘 국내에서 원하는 브랜드의 장미 품종을 구하기란 더욱 어려운 것이 현실이다. 또 장미 묘목의 경우 해외 구매 시 국내 반입 후에 반드시 신고 절차를 거쳐 1년 이상의 검역 기간을 마친 후에야 받을 수 있기 때문에 사실상 해외 구매 자체가 금지되어 있는 것이나 다름없다.

하지만 이런 어려운 상황 속에서도 장미를 키우고자 하는 사람들이 늘면서 국내의 장미 묘목 판매처도 점차 늘어나고 있는 추세다. 최근 들어 수입, 판매되고 있는 품종이 점점 다양해지고 있기 때문에 앞으로 국내 장미 산업이 더욱 발전할 것이라 예상된다. 국내의 장미 묘목 구매처 정보는 부록(228쪽)에 소개했다.

수 만 가지 장미 품종 중 나의 정원에 어울리는 품종을 찾는 일은 쉬운 일이 아니다. 더구나 지역과 환경에 따라 적합한 품종이 다르고, 원하는 품종을 선택하더라도 내 정원에 잘 적응해 자랄지 알 수 없기 때문에 장미 품종 선택은 장미를 키우기에 앞서 가장 많은 고민이 필요한 신중한 작업이다. 그래서 장미를 처음 접하거나 품종 선택에 어려움을 겪는 분들을 위해 다음과 같이 상황과 환경에 적합한 품종들을 소개하고자 한다. 소개할 품종들은 5년간의 경험을 바탕으로 데이비드 오스틴 장미를 위주로 구성했다.

● 화분에서 키우기 적합한 품종

기본적으로 땅의 힘을 받고 자란 장미는 화분 장미에 비해 건강하게 자라고 몸집이 커지며 많은 꽃을 피운다. 그렇지만 누구나 정원을 소유하고 있지는 않기 때문에 최근에는 화분으로도 키우기 적합한 품종들이 많이 개발되고 있는 추세다. 특히나 영국 데이비드 오스틴 사의 장미 대부분이 화분으로 키우기에 무리가 없어 가장 많이 추천하고 있다. 그중에서도 다음의 품종들은 50~100cm 크기의 매우 컴팩트한 품종으로 작은 화분으로도 키우기 적합한 품종들이다.

Ex) 먼스테드 우드, L. D. 브레이스웨이트, 시스터 엘리자베스, 샬럿, 레이디 엠마 해밀턴, 찰스 레니 매킨토시, 소피스 로즈, 앰브리지 로즈, 셉터드 아일, 주빌리 셀러브레이션

시스터 엘리자베스

● 그늘진 장소에서도 자라는 품종

호광성 식물인 장미는 가능하면 하루 6시간 이상, 특히 오전의 해를 충분히 받는 위치에서 키우는 것이 가장 좋다. 하지만 모든 환경이 이 조건을 만족할 수는 없기 때문에 해가 잘 들지 않는 장소에서도 무리 없이 자라는 품종들을 소개하고자 한다. 단, 경험상 해가 전혀 들지 않거나 통풍이 불량한 곳에서는 꽃이 피지 않고 병충해가 심하기 때문에 완전한 그늘보다는 최소 하루 4시간 이상 해가 드는 곳이거나 일부분이 그늘진 장소를 선택하는 것이 좋다.

Ex) 더 웨지우드 로즈, 모티머 새클러, 티징 조지아, 테스 오브 더 더버빌스, 와일디브, 에이브러햄 다비, 어 슈롭셔 래드, 거트루드 제킬, 골든 셀러브레이션, 그레이엄 토머스, 주드 디 옵스큐어, L. D. 브레이스웨이트, 메리 로즈, 팻 오스틴, 더 필그림, 벤저민 브리튼, 엠마뉴엘, 크라운 프린세스 마거리타, 브라더 캐드펠

더 필그림

　　　　　　　　　　　　　　　　　　　　　　　　　치치의 사계절 장미 정원

● 혹서기에도 화형이 망가지지 않는 품종

30도 이상의 고온에서는 장미의 생육뿐만 아니라 화형 또한 정상적이지 않고 기형적으로 변하거나 강한 햇볕에 타는 현상이 발생한다. 해가 갈수록 봄과 가을이 짧아지고 여름이 길어지게 되면서 혹서기 동안 화형을 잘 유지할 수 있는 품종이 정원에서 돋보이게 되는 것 같다. 다음의 품종들은 여름의 강한 햇빛에도 화형이 망가지지 않고 유지되는 장미들이다.

Ex) 크리스티나, 레이디 오브 메긴치, 시스터 엘리자베스, 윈쇼튼, 루주 루아얄, 윌리엄 셰익스피어 2000, 리치필드 엔젤, 세인트 세실리아, 디 인지니어스 미스터 페어 차일드, 이블린

레이디 오브 메긴치

● 향기가 강한 품종

장미는 일차적으로 화형과 색이 아름다운 품종이 가장 눈에 잘 띄지만 아무리 예쁜 화형일지라도 향이 없거나 향기가 취향에 맞지 않으면 그저 시선으로만 그치고 정이 쉽게 들지 않는다. 바람이 잘 드는 창가 앞에 향이 강한 장미를 심어놓으면 바람이 부는 내내 집안으로 장미향이 불어 들어와 장미의 또 다른 매력을 느낄 수가 있다.

Ex) 사리파 아스마, 거트루드 제킬, 앰브리지 로즈, 디 인지니어스 미스터 페어 차일드, 에이브러햄 다비, 루주 루아얄, 셉터드 아일, 스트로베리 힐, 세인트 세실리아, 주빌리 셀러브레이션, 주드 디 옵스큐어, 헤리티지, 이블린, 먼스테드 우드, 팻 오스틴, 프린세스 알렉산드라 오브 켄트, 윌리엄 셰익스피어2000, 울러턴 올드 홀, 스피릿 오브 프리덤

주빌리 셀러브레이션

• 개화성이 우수한 품종

장미 정원을 조성하는 데 있어 아름다운 화형과 향기는 매우 중요한 요소로 정원을 돋보이게 만드는 역할을 한다. 하지만 아름다움과 별개로 많은 꽃을 연중 피울 수 있는 우수한 개화성 역시 장미의 중요한 요소 중 하나다. 다음으로 소개할 품종들은 필자가 정원을 가꾸면서 경험했던 장미들 중 실제로 연중 개화성이 우수했던 품종들이다.

Ex) 먼스테드 우드, 레이디 엠마, 찰스 레니 매킨토시, 소피스 로즈, 주빌리 셀러브레이션, 프린세스 알렉산드라 오브 켄트, 샬럿, 앰브리지 로즈, 리치필드 엔젤, 셉터드 아일, 다시 버셀, 몰리뉴, 헤리티지, 포트 선라이트

다시 버셀

세계의 장미 브랜드

작은 크기의 빈티지한 컬러감을 지닌 자나 장미, 웨딩 부케로 꾸준히 사랑받는 줄리엣 장미, 화려한 노란색에 사랑스런 동그란 화형의 카탈레나 장미 등 수많은 장미가 다방면에서 인기를 끌고 있지만 꽃집에서 본 장미들이 어디에서 왔는지, 누가 개발을 했는지 생각해본 사람은 많지 않을 것이다.

국내에 유통되고 있는 절화 또는 정원 장미들은 대부분이 국내가 아닌 해외에서 수입된 장미들로, 단순히 장미를 키워서 판매하는 농장이기보다 새로운 품종의 장미를 연구 개발하는 육종 회사들에서 수입한 것들이 많다. 국내에선 아직까지 정원용 장미에 대한 연구가 활발하지 않지만 전 세계적으로는 수많은 장미 회사들이 해마다 새로운 장미들을 개발하면서 트렌드를 이끌고 있다.

데이비드 오스틴　　장미의 나라 영국에 본사를 두고 있는 데이비드 오스틴 David Austin 사는 21세기 장미 트렌드를 선봉에서 이끌어가고 있는 회사다. 1950년대부터 현재까지 창립자 데이비드 오스틴이 올드 로즈를 기반으로 개량해 만든 장미의 수가 200가지가 넘는데, 이렇게 개발된 장미들은 올드 로즈의 아름다운 화형과 향기, 모던 로즈의 강인함과 반복 개화성을 물려받아 전 세계 가드너들의 사랑을 받고 있다.

국내에서는 연예인 부케, 작약 장미 등으로 불리며 데이비드 오스틴 사의 절화 장미들이 먼저 인기를 끌었고, 최근 가드닝에 대한 관심이 높아지면서부터는 정원 장미가 큰 인기를 이끌고 있다. 데이비드 오스틴 사의 장미는 '잉글리시 로즈'라고도 불리며 영국은 물론 전 세계 장미 시장의 큰 축을 차지하고 있다.

메이앙　　국내에서는 '메이앙 Meilland'이라는 브랜드 이름보다 '피스 Peace'라는 품종의 장미가 더 잘 알려져 있다. 조제핀 황후의 나라인 프랑스를 대표하는 회사로 하이브리드 티 장미와 플로리분다 장미의 등장 이후 본격적으로 성장했다. 유명한 '피스 장미'는 1935년 프란

시스 메이앙에 의해 탄생했는데, 1차 세계대전 이후 평화를 갈망하는 인류의 소망을 담아 새로 육종된 장미에 피스라는 이름을 붙였다고 한다. 피스 장미는 국내 각지의 장미 정원에서도 흔히 찾아볼 수가 있는데, 메이앙 사의 장미는 강건함과 탁월한 개화성을 주력으로 국내의 장미 가드너들에게도 많은 사랑을 받고 있다.

델바

1935년 프랑스에서 설립된 델바delbard 사는 사과 농장을 운영하던 조르주 델바의 이름을 따서 만들어졌다. 과수원을 운영하던 조르주 델바는 이후 장미 육종에 도전했고, 프랑스 정부와의 협력으로 오늘날의 성장을 이루어냈다. 델바 사는 아름답고 개성 넘치는 장미들이 주를 이루는데, 그중에서도 '클로드 모네', '에두아르 마네', '카미유 피사로', '앙리 마티스' 등 유명 화가들의 이름을 딴 화가 시리즈 장미들이 특히 인기 있다. 아쉽게도 국내에는 델바 사의 장미가 정식으로 수입되고 있지 않다.

코르데스

독일의 빌헬름 코르데스Wilhelm Kordes가 1887년 설립한 코르데스 사는 1887년부터 시작된 전통 있는 회사다. 무엇보다 독일 본국의 기후와 환경에 가장 적합한 장미를 육성하는 것이 목표였던 빌헬름 코르데스는 전쟁 후 다양한 샘플을 이용해 새로운 장미들을 개발했다. 그가 1958년 개발한 '아이스버그Iceberg'는 1983년 세계에서 가장 사랑받는 장미로 선정된 이래로 오늘날까지 많은 사랑을 받고 있다.

탄타우

1906년 독일의 마티아스 탄타우Mathias Tantau에 의해 설립된 탄타우 사는 코르데스 사와 함께 전 세계 장미 시장의 50%를 차지하는 굴지의 회사다. 지금까지 회사의 규모만큼이나 수 많은 장미들을 개발했는데, 그중 '피아노' 시리즈 장미가 대중적으로 가장 잘 알려져 있다. 국내 절화 시장에서 웨딩 부케용으로 데이비드 오스틴 사의 장미들과 더불어 인기를 끌고 있는 '피아노' 시리즈 장미는 최근 정원용으로 구매가 가능해지면서 더욱 각광받고 있다.

가드닝 도구 준비하기

건강하고 아름답게 키우기 위해서 인공적인 관리가 필수적인 장미는 필요한 도구가 많기 때문에 장미를 구매하기 전에 미리 준비해 두어야 불편함이 없다. 하지만 가드닝 산업이 크게 발달하지 않은 국내에서 원하는 가드닝 용품을 구입하는 일은 쉽지 않다. 보편적으로 사용되는 도구의 경우 국내에서도 구매 가능하지만 디자인적으로 뛰어난 제품이나 장미 전용 재료의 경우 해외 구매에 의존하는 경우가 많다. 국내에서 이용 가능한 몇몇 구매처들은 부록(290쪽)에 소개해두었다.

● 전지가위

수시로 병들거나 약한 가지를 정리하고 시든 꽃을 잘라주는 역할을 하는 전지가위는 장미를 키우는 데 가장 중요한 도구라고 할 수 있다. 전지가위는 용도에 따라 모양이 다른데, 활용도가 높은 둥글고 넓은 가위(굵은가지가위)는 주로 굵고 단단한 줄기에 사용하는데 여름 전정과 겨울 전정 시 가장 많이 사용된다. 가위 형태의 전지가위(꽃가위)는 굵은 줄기를 자르지는 못하지만 대부분의 가는 가지 또는 꽃대를 자르는 데에 사용된다. 손잡이가 긴 전지가위(양손가위)는 덩굴장미와 같이 손이 닿지 않는 위치의 가지를 자르는 데 사용하거나 일반 전지가위로 자르지 못하는 굵은 가지를 자르는 데 사용한다.

전지가위로 자르지 못하는 굵은 가지는 무리해서 가위를 사용하지 말고 정원용 톱을 이용해 자르도록 하고, 사용하고 난 전지가위는 소독용 알코올 등으로 깨끗이 소독한 뒤 보관한다.

● 삽

흙을 담고 퍼내는 역할을 하는 삽은 가드닝의 기본 도구 중 하나다. 용도에 따라 재질과 크기 등이 다르기 때문에 구입 시 본인에게 가장 적합한 형태의 삽을 선택해야 한다. 삽은 대용량의 흙을 다루는 긴 자루 삽과 적은 양의 흙을 다루는 모종삽으로 분류된다.

긴 자루 삽 중 앞 코가 뾰족한 삼각형의 삽(막삽)은 흙을 다루거나 퇴비를 만들 때 사용하기도 하고 땅을 파는 데 사용하기도 한다. 앞 코가 일자형인 사각형 삽(각삽)은 땅을 파는 데 사용하지만 퇴비를 섞어주거나 흙을 운반할 때 사용해도 편리하다.

크기가 작은 모종삽은 작은 화단 또는 화분의 흙을 퍼내거나 토양을 손질할 때 사용하는데, 플라스틱 재질의 모종삽은 상토와 같은 가벼운 토양에서만 사용 가능하다. 밭 흙 또는 황토와 같은 무거운 소재의 흙은 금속 재질의 모종삽을 사용해야 망가지지 않고 오래 사용할 수 있다.

● 장갑

가드닝에 사용하는 장갑은 손을 보호하는 역활을 한다. 장미를 키우는 경우 특히나 가시로 인한 상처 발생이 흔하기 때문에 불편함을 감수하더라도 장미 전용 장갑을 사용하기를 권장한다. 장미 전용 장갑은 일반 가드닝 장갑에 비해 가시로부터 손을 보호하기 좋은데, 길이가 짧은 것보다 팔 전체를 덮을 수 있는 목이 긴 장갑이 유용하다. 장미 전용 장갑은 국내에서는 구매하기 어렵고 아마존에서 'rose gloves'를 검색하면 여러 종류를 찾을 수 있다.

● 물뿌리개

자동화 시스템이 구비되어 있는 정원이 아니라면 실내외 상관없이 물뿌리개는 필수 도구다. 비료를 많이 필요로 하는 장미는 액체 형태의 비료를 물에 희석해 관수할 때가 많기 때문에 정원의 규모가 큰 편이라면 물뿌리개는 1개 이상 구비하는 것이 편리하다. 주둥이 부분은 샤워기 형태로 된 제품을 사용하는 것이 물을 줄 때 토양이 파이는 현상을 방지할 수 있다.

● 지주대, 오벨리스크, 아치

거대하게 성장하는 덩굴장미와 줄기가 유연한 반덩굴성 장미의 경우 줄기를 지탱할 수 있는 별도의 장치들이 필요하다. 지주대는 키가 작은 장미를 지지하거나 고개를 숙인 꽃이 꺾이지 않도록 잡아주는 역할을 하고, 오벨리스크와 아치는 덩굴장미를 유인하는 데 유용하다. 이러한 장치들은 기능적으로도 유용하지만 디자인이 적용된 제품이라면 그 자체만으로 정원을 돋보이게 하는 구조물이 되기도 한다.

● 앞치마

가시가 많은 장미를 손질하다 보면 입고 있는 옷이 망가지는 일이 부지기수다. 앞치마는 옷이 망가지는 것을 보호해주기도 하고 앞주머니에 가위 등의 도구를 넣을

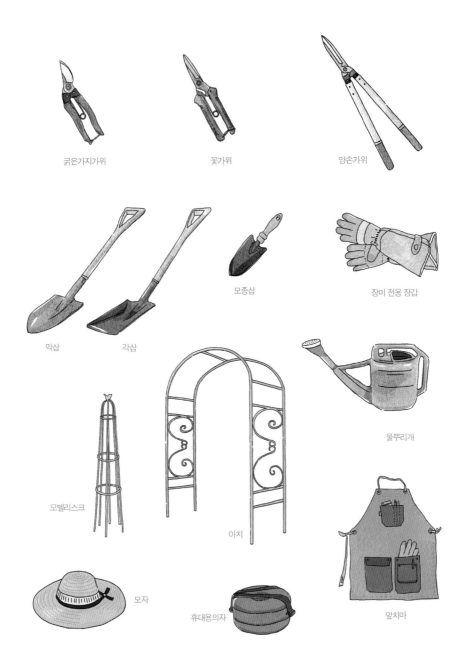

굵은가지가위

꽃가위

양손가위

막삽

각삽

모종삽

장미 전용 장갑

물뿌리개

오벨리스크

아치

모자

휴대용의자

앞치마

수 있어 작업이 편리해진다는 장점이 있다. 단, 주방용 앞치마보다는 두껍고 튼튼한 소재를 사용한 제품이 가시로부터 좀 더 완벽하게 몸을 보호할 수 있어 좋다.

● 모자

강한 자외선으로부터 머리와 얼굴을 보호해주는 모자는 챙이 넓고 통기성이 좋은 제품이 유용하다. 챙이 앞에만 달려 있는 캡 형태보다는 사방으로 둘러진 모자가 직사광선을 막아주는 데 도움이 된다.

● 휴대용 의자

주로 공사 현장에서 많이 사용되는 휴대용 의자는 허리에 둘러멨다가 앉아 일해야 할 때 사용하면 편리하다. 화분 장미 관리 시 낮은 위치에서 오랫동안 작업하는 경우가 많기 때문에 사용을 권장하는 도구다.

화분 선택하기

화분에 심은 장미는 이동성이 좋고, 한정된 장소에서도 키울 수 있다는 장점이 있다. 또한 화분의 소재를 디자인 요소로 삼아 개인 취향의 정원 분위기를 만드는 데 활용할 수도 있다. 단, 화분의 소재와 디자인이 다양한 만큼 그에 따른 관리법도 달라지기 때문에 화분별 특징을 미리 파악한 후 선택하는 것이 중요하다.

● 플라스틱 화분

가장 대중적인 화분으로 매우 가볍고 디자인도 다양해 누구나 쉽게 사용이 가능하다. 단, 충격에 의해 깨지기 쉽고 실외의 경우 환경 변화에 민감하기 때문에, 여름엔 직사광선을 피해 오후의 해가 덜 드는 곳으로 옮겨야 하고 겨울에는 보온을 해주는 등의 관리가 필요하다. 또, 바람이 너무 강한 곳에서는 넘어지거나 날아갈 위험이 있기 때문에 무게가 있는 흙을 사용하거나 배치 시 바람이 덜 부는 장소에 두는 것이 좋다.

최근에는 첨단 기술을 도입한 기능성 화분들이 출시되고 있는데, 그중 개인적으로 유용하게 사용하는 제품이 슬릿 화분이다. 화분 아래쪽으로 길게 홈이 파여 있는 것이 특징인 슬릿 화분은 통풍이 원활하고 타 화분에 비해 뿌리 내림이 고르기 때문에 어린 묘목을 키울 때 매우 유용하다. 뿌리가 발달하지 않은 어린 묘목을 슬릿 화분에 심어 뿌리를 채운 뒤 좀 더 큰 화분 또는 땅에 정식하면 묘목을 빠르게 성장시키고 튼튼하게 키우는 데 도움이 된다.

– 구매처 : 삼계농원 www.samgyefarm.com

● 고무 화분

플라스틱 화분에 비해 내구성이 강하고 매우 저렴하다는 장점이 있다. 크기 또한 다양하고 특히 높이 60cm 이상의 큰 화분도 타 화분에 비해 저렴하게 구매가 가능하기 때문에 장미를 크게 키우고자 하는 사람들에게 추천하는 형태의 화분이다. 단, 플라스틱 화분과 마찬가지로 실외에서 사용하는 경우 환경 변화에 민감하게 대처해야 하고 특히 여름의 강한 햇빛에 화분이 녹거나 뿌리가 익을 수 있기 때문에 주의가 필요하다. 초기 사용 시에는 고무 특유의 냄새가 강하기 때문에 바로 사용하는 것보다는 통풍이 잘 되는 그늘에 일주일 이상 두었다가 사용하는 것이 좋다.

– 구매처 : 화분프라자 www.hwabunplaza.com

● 목재 화분

시중에 판매되는 목재 화분은 주로
도로 화분용으로 큰 사이즈가 대부
분이다. 목재 화분 내부는 보온 처리
가 되어 있는 경우가 많고 외부에 나
무가 덧대어져 환경에 의한 영향은
크게 받지 않지만 나무 소재가 시간
이 지남에 따라 부식되는 등의 변화
가 있을 수 있다. 최근에는 나무 화분을 직접 제작할 수 있는 공방이 생겨나면서 원
하는 모양과 크기의 화분을 만들어볼 수도 있게 되었다.

- 구매처 : 화분프라자 www.hwabunplaza.com
- 제작공방 : BONES & PIECES http://blog.naver.com/ydy1999

● 토분

흙으로 빚어진 토분은 통풍이 원활
하고 자체적으로 습기 조절이 가능
해 흙과 식물이 가장 자연에 가깝게
생장할 수는 조건을 만들어준다. 또
한 토분만으로 구성된 정원은 특유
의 붉은 색감이 녹색의 식물과 대비
를 이루어 정원을 돋보이게 만들기
때문에 개인적으로 가장 선호하는 화분 중 하나다. 토분은 디자인이 매우 다양해

선택의 폭이 넓고 흙의 성분과 비율에 따라 색과 백화 현상 등에 차이가 있어 같은 디자인의 화분이라도 서로 다른 매력을 느낄 수 있다는 장점이 있다. 반면, 여러 소재의 화분들 중 무게가 가장 무겁고 외부 충격과 겨울 추위에 쉽게 깨질 수 있으며 타 화분에 비해 물 마름이 빨라 관수의 주기가 짧고 고가라는 단점이 있다.

- 구매처: 지앤아트스페이스 www.zienshop.com

장미의
흙과 비료

장미를 위한 토양 만들기

장미에게 필요한 비료

장미를 위한 토양 만들기

pH6~6.5 정도의 약산성 토양을 선호하는 장미는, 배수가 잘되면서 유기질이 풍부한 토양에서 특히 성장이 좋다. 생육에 제약이 따르는 화분의 경우에는 흙의 구성에 따라 극명한 성장 차이를 보여주기 때문에 양질의 흙을 사용하는 것은 더욱 중요하다. 국내에서는 아직 완벽하게 사용 가능한 장미 전용 흙을 구매할 수 없기 때문에 흙 배합에 기본적으로 사용되는 재료들을 이해하고 각 재료를 이용해 각자의 환경에 적합한 토양을 만드는 것이 건강하고 아름다운 장미를 키우는 데 필수적이다.

지금부터는 필자가 장미 흙과 비료 제조 시 사용하고 있는 재료들을 소개하고자 한다. 장미 흙과 비료는 환경과 개인의 취향에 따라 다른 재료를 사용할 수 있어 재료 선택은 유연한 편이다. 각 재료는 온라인을 통해 어렵지 않게 구매가 가능하지만 50L 이상, 10kg 이상 등 대용량으로 판매되는 경우가 많기 때문에 소량만 필요할 때는 재료 선택에 조절이 필요하다.

| 장미 배합토 재료 |

- ● 황토
  산화철을 포함하고 있어 붉은색을 띠는 황토는 그 자체로도 풍부한 영양을 지니고 있고 물을 머금는 보수력이 뛰어나기 때문에 장미 배합토의 기본 구성으로 사용하기에 좋다. 최근에는 미생물을 포함해 기능적인 역할까지 더한 제품이 유통되고

있어 더욱 양질의 재료를 구하는 것이 가능해졌다. 입자
가 고운 재료에 비해 뿌리 내림이 더디지만 분갈이가 어
려운 조건에서 장기간 사용이 가능하다는 장점이 있다.
단, 무게가 상당하기 때문에 상시 이동이 필요한 화분의
경우에는 사용량을 적절하게 조절하는 것이 좋다.

● 상토

원예용으로 매우 광범위한 용도로 사용되는 상토는 브랜드마
다 사용하는 재료가 조금씩 다르지만 부드럽고 가벼우면서
배수가 매우 잘되는 공통적인 특징을 지니고 있다. 소량
의 양분을 함유하고 있기 때문에 상토만으로도 식물을 키
우기에 무리가 없지만 너무 가볍기 때문에 단일 사용 시 뿌
리의 성장이 과도하게 빠를 수 있고, 양분이 부족해 장기간 사
용이 어려운 단점이 있다.

● 펄라이트

진주암을 고온 처리해 팽창시켜 만든 펄라이트는 매우 가볍
고 배수가 탁월해 실외보다는 주로 실내용 흙에서 배수
를 원활하게 하고 전체적인 화분 무게를 가볍게 만들기
위해 사용한다. 입자의 크기는 세립, 중립, 대립으로 나
뉘어져 있고 입자가 클수록 배수 능력이 뛰어나기 때문에

장미 흙의 구성으로는 대립 펄라이트를 주로 사용한다. 단, 관수 시 흙 속의 펄라이트가 시간이 갈수록 화분 위로 떠오르기 때문에 펄라이트의 비율이 높은 흙의 경우 장기간 사용이 어렵다는 단점이 있다.

● 마사

화강암의 풍화로 만들어진 마사는 흙 형태의 마사토와 돌멩이 형태의 마사로 나뉘고, 마사는 다시 크기에 따라 소립, 중립, 대립으로 분류된다. 펄라이트와 마찬가지로 배수를 위해 사용되는데, 펄라이트와는 반대로 무겁기 때문에 이동이 필요한 화분의 흙을 제조할 때는 양을 조절하는 것이 좋다. 시중에 유통되는 마사는 세척을 한 제품과 세척하지 않은 일반 제품이 있는데 세척하지 않은 제품은 가격이 저렴한 데 반해 흙가루가 붙어 있어 그대로 사용했을 경우 배수구를 막아 역효과를 가져올 수 있다. 때문에 반드시 물로 깨끗이 씻어 흙 성분을 모두 털어낸 뒤 사용해야 한다.

● 피트모스

피트모스는 습지나 늪에서 자라는 이끼 또는 수초 등이 부식되며 쌓인 흙으로 pH3.5~4.5정도의 산성을 띠고 있고 스펀지 같은 성질이 있어 물을 빨리 흡수하고 오래 유지해 보수성이 매우 뛰어나다. 주로 블루베리를 심는 용도로 많이 사용되지만 필자의 경우 약산성 토양을 좋

아하고 보수력을 필요로 하는 장미를 위해 배합토 제조 시 피트모스를 소량 섞어 사용하고 있다. 피트모스는 화이트 피트모스, 브라운 피트모스, 블랙 피트모스로 구분되는데 색이 옅을수록 입자가 크고 배수가 좋다. 주 생산지는 유럽과 러시아, 캐나다로 그중 캐나다산 화이트 피트모스를 최상품으로 꼽는다.

● 부엽토

수년에서 수십 년에 걸쳐 쌓인 낙엽들이 형체를 알아볼 수 없이 분해되어 까맣고 고운 형태로 변하며 만들어진 부엽토는 보수력이 뛰어나고 영양분이 풍부하기 때문에 흙의 구성으로 더할 나위 없이 좋은 재료 중 하나다. 특히 토양 개량의 효과가 있기 때문에 오염되거나 척박한 토양을 개선하는 데에도 도움이 된다. 단, 정원이 산속이거나 집 주위가 나무로 둘러싸여 깨끗한 부엽토를 공급받을 수 있는 환경이 아니라면 자연 상태의 부엽토를 가져와 사용하는 것은 그 속에 어떤 벌레나 식물의 씨 등이 포함되어 있을지 알 수 없기 때문에 시중에 유통되는 제품을 구매하는 것이 안전하다.

● 훈탄

벼의 겉껍질인 왕겨를 태워 숯으로 만든 훈탄은 비료의 성분도 되지만 흙의 재료로 사용했을 때에는 보수와 배수를 좋게 하고, 흙 속에 공간을 형성해 미생물 서식과 식물의 뿌리가 건강하게 성장하도록 도와주는 역할을 한다. 또, 살균 효과가 뛰어나고 땅의 거름기를 유지시키는 보비력保肥力이 뛰어나기 때문에 개인적으로 배합토의 재료로 빠뜨리지 않고 사용하고 있다.

● 장미 전용 상토

최근 국내에서 판매되기 시작한 장미 전용 상토는 독일 플로라 가드Flora Gard사의 제품으로, 장미에 최적화된 성분의 재료들을 배합하여 화단, 화분 모두 무리 없이 사용이 가능하다. 단, 뿌리가 많지 않은 어린 묘목에 사용할 때 에는 물 마름이 더뎌 과습이 올 수 있고, 반대로 뿌리가 많 은 성목의 경우 흙이 과도하게 바싹 마르는 현상이 생기 기 때문에 개인적으로는 주재료가 아닌 웃거름 및 흙 개 량의 목적으로 소량 사용하고 있다.

| 흙 배합하기 |

장미 흙은 앞서 설명한 여덟 가지 장미 배합토 재료를 이용해 기본 배합법을 기준으로 장미의 상태, 화분의 소재, 키우는 장소에 따라 다른 방법을 선택해 제조한다. 각 배합법 은 기준을 제시할 뿐 정답이 아니기 때문에 반드시 내 식재 환경에 맞는 방법을 찾아 흙 을 제조할 것을 권장한다.

기본 배합법(100) = 황토(30) : 상토(20) : 장미 전용 상토(10) : 펄라이트(5)
: 마사(10) : 피트모스(10) : 부엽토(10) : 훈탄(5)

● 어린 장미 묘목 화분 식재 시 흙 배합

뿌리가 많지 않은 어린 묘목은 성장하고 꽃을 피우는 것보다 뿌리를 내리는 일이 더 중요하다. 단기간에 뿌리를 성장시키기 위해서는 현재 뿌리 크기에 비해 너무 크지 않은 화분을 선택하고 가능하면 뿌리 성장이 빠른 슬릿 화분을 이용하는 것이 좋다. 이때 배합토 중 상토와 펄라이트, 훈탄 등의 비율을 높이면 가벼우면서 흙 속 공극이 커 뿌리의 성장이 더욱 빨라진다. 단, 일시적인 방법이기 때문에 뿌리가 충분히 성장한 뒤부터 기본 배합법에 가까운 흙으로 바꾸어 식재하도록 하고 물 마름이 빠르기 때문에 관수에 특히 주의해야 한다.

배합법(100) = 황토(10) : 상토(30) : 장미 전용 상토(10) : 펄라이트(15)
: 마사(10) : 피트모스(5) : 부엽토(5) : 훈탄(15)

● 화분별 흙 배합

화분은 소재와 형태에 따라 물이 마르는 정도가 다르기 때문에 화분마다 흙 배합을 다르게 하는 것이 바람직하다. 물의 증발이 빠른 토분은 밭 흙 또는 황토 등의 비율을 높이고 유기질 비료와 부엽토를 충분히 혼합해 보수력이 좋은 흙을 만드는 것이 좋다. 보수와 함께 배수에도 신경 써야 하는데, 화분 자체의 무게가 상당하기 때문에 이동이 필요한 환경이라면 펄라이트를, 이동이 불필요한 환경이라면 마사의 비율을 높이며 유연하게 작업한다.

> 배합법(100) = 황토(35) : 상토(15) : 장미 전용 상토(5) : 펄라이트(5)
> : 마사(15) : 피트모스(10) : 부엽토(8) : 훈탄(7)

 도자기나 항아리 화분같이 둥근 형태의 화분의 경우 관수 시 물 빠짐이 원활하지 않고 화분 재질 특성상 겉면의 유약으로 인해 숨을 쉬지 못하기 때문에 과습이 올 가능성이 높다. 또, 둥근 화분에 뿌리가 가득 찼을 경우 화분을 깨지 않는 이상 분갈이가 거의 불가능하기 때문에 비옥하면서도 배수에 충실한 소재를 위주로 사용하도록 한다.

> 배합법(100) = 황토(25) : 상토(20) : 장미 전용 상토(10) : 펄라이트(5)
> : 마사(15) : 피트모스(10) : 부엽토(5) : 훈탄(10)

● **장소별 흙 배합**

해가 잘 들고 통풍이 원활해 흙의 건조가 빠른 실외의 경우 밭 흙 또는 황토 등의 비율을 높이고 유기질 비료와 충분한 멀칭으로 보수력을 높여주는 것이 좋다. 반대로 그늘이 지는 실외 또는 실내에서는 건조가 느리기 때문에 쉽게 과습이 올 수 있으므로 배수가 잘 될 수 있도록 배합을 조절하도록 한다.

장미에게 필요한 비료

다년생이면서 연중 꽃을 피우는 장미는 힘을 소진하는 만큼 많은 양의 비료를 필요로 한다. 특히 비료의 유실이 빠른 화분 장미는 더욱 많은 양의 비료를 소비하기 때문에, 좋은 품질, 다양한 형태의 비료를 상시 구비해놓는 것이 매우 중요하다. 식물에 필요한 영양 성분은 다양하지만 크게 질소N, 인산P, 칼리K 3가지 성분이 식물 생장에 가장 필요한 요소로 알려져 있다.

질소는 식물의 성장을 돕는 성분으로 3요소 중 가장 기본적인 역할을 담당하지만 과다 사용 시 식물이 비정상적인 성장을 하게 되고 겨울이 오기 직전 시비했을 경우 냉해 피해를 입을 수 있어 겨울을 앞둔 시기에는 사용을 금지하는 것이 안전하다.

인산은 꽃과 열매를 맺는 데 도움을 주고 식물의 내한성과 내열성을 길러주는 역할을 하기 때문에 장미를 키우는 가드너의 입장에서 보면 가장 중요한 요소라고 할 수 있다. 인산은 식물이 스스로 필요로 하는 양만큼만 조절해 흡수하기 때문에 과잉 공급에 의한 해는 적지만, 결핍 시에는 꽃 달림이 적고 꽃의 품질 또한 떨어진다. 또, 생육에도 영향을 미쳐 잎의 색이 연해지고 줄기가 고꾸라지는 현상도 나타나기 때문에 주기적으로 인산이 포함된 비료를 시비하는 작업이 필요하다.

마지막으로 칼리는 칼륨비료라고도 불리는데, 주로 뿌리의 성장을 돕는 역할을 한다. 식물의 기본이 되는 뿌리가 튼튼해야 식물 전체가 건강하기 때문에 칼리는 매우 중요한 성분이라고 할 수 있다. 특히 혹서기와 혹한기를 버틸 수 있는 힘을 비축하는 것 역시 뿌리이기 때문에 여름 폭염과 겨울 한파를 대비할 때 칼리비료는 매우 중요한 역할을 하고 있다.

시중에 판매되는 제품에는 N(숫자) – P(숫자) – K(숫자) 순서로 표기되어 있는 것을 흔히 볼 수 있는데, 이는 해당 비료가 함유하고 있는 질소, 인산, 칼리의 비율을 나타낸 것이다. 꽃을 피우는 것이 주목적인 장미 전용 비료의 경우 질소 : 인산 : 칼리의 비율이 동일하거나 인산과 칼리의 비율을 조금 더 높게 책정하고 있다.

비료는 고체비료와 액체비료로 분류되는데, 고체비료는 밑거름과 웃거름에 사용되고 액체비료는 토양에 직접적으로 물을 주는 관수와 잎에 분무를 하는 엽면시비로 사용된다. 고체와 액체비료는 다시 천연비료와 화학비료로 분류된다. 천연비료는 제조 시간이 오래 걸리고 효과가 드러날 때까지의 시간 역시 오래 걸리지만 장기적으로 식물체와 토양을 건강하게 만드는 반면, 화학비료는 단기간에 눈에 띄는 효과를 보이지만 식물의 노화가 빨라지고 토양의 산성화가 가속화되어 흙이 척박해진다는 단점이 있다. 단순히 '천연비료가 좋고 화학비료는 나쁘다'라는 결론을 내리기보다는 두 가지를 조화롭게 사용하는 것이 건강한 정원을 만들 수 있는 올바른 방법이다.

| 천연비료 |

천연비료의 재료는 범위가 매우 광범위하기 때문에 특정하기가 어렵다. 기름을 짜내고 난 후의 찌꺼기인 깻묵, 벼의 껍질인 왕겨, 동물 뼈를 갈아 만든 골분, 지푸라기, 동물의 배설물, 간이 되어 있지 않은 음식물 쓰레기, 낙엽 등 자연에서 나오는 대부분의 재료를 천연비료로 활용할 수 있다. 천연비료는 단일 재료 시비보다 여러 재료를 혼합, 발효하여 사용하는 것이 좋은데, 발효 기간이 길고 노동을 필요로 하며 발효가 진행되는 도중에는 악취와 해충 발생으로 인한 어려움이 있다.

● 깻묵

질소를 5%가량 함유하고 있는 깻묵은 기름을 짜고 남
은 깨의 찌꺼기로 방앗간 또는 온라인으로 구매가 가
능하다. 온라인에서 구매 가능한 가루 형태의 깻묵은
사용이 편리한 대신 가격이 비싼 반면, 방앗간에서 구매
가능한 가공되지 않은 넓은 원통형의 깻묵은 단단하게 압축
되어 있기 때문에 몇 시간에 걸쳐 물에 불린 뒤 일일이 가루 형태로 분해해야 하는
불편함은 있지만 가루형에 비해 저렴하다.

● 골분

소, 돼지 등 동물의 뼈를 건조하고 분쇄한 재료로 인 성
분을 많이 함유하고 있다. 특유의 냄새가 강하고 발효
시 소 축사에서 나는 냄새가 나기 때문에 실내용으로
사용하기에는 어려움이 따른다.

● 왕겨

벼의 겉껍질인 왕겨는 그 자체로는 비료로서 큰 역할을 하
는 재료가 아니지만 여러 재료를 섞는 경우 발효를 빨리
진행시키고, 고품질의 비료가 만들어지게 돕는 역할을
한다. 왕겨는 온라인이나 정미소에서 구매가 가능한데
대부분 50L 이상 대용량으로 판매되고 있다.

● 훈탄

배합토의 재료로도 사용되는 훈탄은 왕겨를 태워 만든 숯가루로 칼리 성분을 함유

하고 있고, 숯에 함유되어 있는 미량 원소와 미네랄 성분이 흙의

성분을 더욱 좋게 만드는 역할을 한다. 약 알칼리성을 띠기

때문에 산성화가 진행되고 있는 흙의 산도를 조절하는 데

탁월하고, 공극이 커 흙 속에 산소를 공급해 미생물의 생

장을 좋게 하고 식물의 뿌리 내림을 원활하게 하는 효과가

있다.

● 기타

과일 껍질, 조리되지 않은 채소 쓰레기는 그늘에 말린 후 분쇄해

위의 기본 재료들과 섞어주면 좋다. 또 커피 찌꺼기, 한약 찌

꺼기 등도 좋은 비료 재료가 될 수 있지만 기타 재료는 앞

서 설명한 4가지 재료의 양을 넘어서는 안 되고 비료의 발

효가 중간 이상 진행되었을 때는 투입을 중단해야 한다.

| 천연 재료로 장미 비료 만들기 |

비료를 만드는 시기는 가급적 발효 시 발생되는 열과 냄새가 덜하고 구더기 등의 벌레에 의한 피해가 적은 겨울이 좋다. 공간에 제한이 있다면 제조 시 한꺼번에 많은 양을 만들기보다 소량씩 여러 번 나누어 만드는 것이 좋고 사용할 때는 먼저 만들어놓은 비료를 사용하도록 한다. 발효 단계에서 악취와 열기가 심하게 발생하기 때문에 실내에서 만드는 것은 권장하지 않는다.

필자의 경우에는 겨울이 오기 직전인 10월 말에서 11월에 1차 비료를 만들고, 2~3월에 2차, 6월에 마지막 3차 비료를 만드는데, 6월에 비료를 만들 때는 온도가 올라가면서 발열과 악취가 심해지고 벌레 피해가 생길 수 있어 더욱 세심한 관리가 필요하다.

● 재료 배합하기

준비한 재료들을 한곳에 모아 섞어준다. 이때 적당한 수분은 비료의 발효를 도와주기 때문에 섞는 도중 수시로 수분을 보충하는 것이 중요하다. 물은 수돗물보다는 미생물이 함유된 EM발효 희석액을 뿌려주는 것이 고품질의 비료를 완성하는 데 효과적이고, 수분의 양은 물이 고여 흥건할 정도가 아닌 전체적으로 약간의 수분감이 느껴질 정도가 적당하다.

> 기본 배합법(100) = 깻묵(30) : 골분(30) : 왕겨(20) : 훈탄(10) : 기타(10)

● 저장하기

배합이 완료된 비료는 비와 직사광선에 노출되지 않는 장소에 쌓아 저장한다. 실외의 경우 짚이나 비닐을 덮어 해충과 비, 추위를 막아야 하고, 장소의 제한이 있는 경우 뚜껑이 있는 통에 담아 저장한다. 저장 통은 통풍과 누액 배출을 위해 바닥에 구멍을 뚫은 뒤 사용하는데, 누액은 땅을 오염시키기 때문에 저장 통은 가급적 화분 받침 위에 두고 주기적으로 폐기한다.

발효가 진행 중인 비료는 가스 발생으로 팽창 현상이 일어나기 때문에 일반적으로 통의 80% 정도만 채우는데 여름에는 그보다 적게 담는 것이 안전하고, 겨울에는 비료가 얼지 않도록 보온 작업을 하거나 창고 등과 같은 무 가온 실내로 들여놓는 것이 좋다.

● 비료 뒤집기

비료 만드는 과정 중 가장 고되고 중요한 일은 바로 비료를 뒤집어주는 작업이다. 발효가 진행되는 동안에는 열이 발생하는데 이것을 오랜 시간 방치하면 쌓아둔 비료의 아랫부분부터 부패가 시작되고 결국 비료 전체가 상하기 때문에 주기적으로 비료를 뒤집어주면서 열기를 빼내고 신선한 산소를 공급해주어야 한다. 이때 수분이 부족하다면 EM 발효 희석액을 뿌려가며 섞어준다. 뒤집기의 횟수는 정해진 것은 없지만 온도가 높은 시기일수록 횟수를 늘려 수시로 시행하는 것이 좋다.

• 비료의 완성

비료가 완성되기까지의 시간은 환경과 시기에 따라 다르기 때문에 정해져 있진 않지만, 완성된 비료는 뒤집기를 했을 때 더 이상 열이 발생하지 않고, 악취가 아닌 한약 찌꺼기와 같은 냄새로 바뀌기 때문에 비료가 완성되었음을 알 수 있다. 또 보관 시 하얀 곰팡이가 생기기도 하는데, 미생물로 인한 유익균이기 때문에 그대로 두고 완성된 비료를 골고루 뒤집어 섞은 후 자루에 담아주면 된다. 단, 곰팡이의 색이 푸른색이거나 청회색빛이 돌고 하수구 냄새와 같은 악취가 난다면 비료가 제대로 완성되지 못하고 부패한 것이기 때문에 사용하지 말고 전량 폐기한다.

① 천연 재료를 이용해 배합

② 저장

③ 뒤집기

④ 완성

● 지렁이 분변토

브랜드마다 사용하는 세부 재료는 다르지만 지렁이의 변을 모아서 만든다는 규칙은 같다. 공극이 크기 때문에 흙 속에 산소를 충분히 머금고 있고, 영양분이 풍부해 식물의 건강과 성장에 매우 좋을 뿐 아니라 오염되거나 척박해진 흙을 개량하는 역할도 한다. 단, 배수가 원활하지 않기 때문에 너무 많은 양을 사용하는 것보다 전체 흙 비율의 1/10 정도가 적당하고, 척박한 토양의 표면을 개량하는 용도로 사용하는 것이 효과적이다.

● 켈팍

심해의 해초에서 추출한 물질로 만든 액체비료로 뿌리 발육에 영향을 주어 뿌리 성장을 촉진시키고 식물체를 건강하게 만드는 역할을 한다. 지속적으로 사용하기보다 어린 묘목의 뿌리 성장을 위해 사용하거나 이식 후, 혹서기와 혹한기 등과 같은 상황에 주로 사용한다.

● 로즈웰

국내에서 장미 전용으로 판매 중인 액체 비료로, 관수 또는 엽면시비 용도로 사용 가능하지만 냄새가 많이 나기 때문에 관수로만 사용한다. 비료를 직접 만들지 못하는 환경에서 사용하기 편리하지만 실내의 경우 사용 후 반드시 환기가 필요하다.

| 천연비료의 발효를 도와주는 재료 |

● **고오랑**

농약사와 온라인으로 구매가 가능한 고오랑은 유기물의 발효를 촉진시켜 비료의 완성 시간을 단축시키고, 탈취와 해충 방지의 역할을 한다. 겨울에는 비료의 악취가 덜하고 벌레가 생기지 않아 사용하지 않지만 온도가 높은 시기에는 비료를 만들 때 전체 비료의 1/10 정도를 뿌려주고 비료를 뒤집을 때마다 추가로 1~2봉지씩 넣어준다.

● **동애등에**

고오랑보다 뛰어난 재료인 동애등에는 제품이 아닌 살아 있는 곤충이다. 성충은 1.3~2cm 정도의 크기로 전체적으로 검은색을 띠고 생김새는 파리와 개미를 섞은 듯한 외형을 하고 있다. 비료의 발효를 촉진시키는 것은 성충이 아닌 유충으로, 번데기 같은 모습의 유충은 막 부화했을 때에는 흰색을 띠고 먹이를 섭취한 후에는 흑갈색으로 변하게 된다. 유충 한 마리당 2~3g의 먹이를 섭취하고 분해해 양질의 퇴비를 만드는데, 비료를 통 안에 저장할 경우 비료가 완성될 즈음엔 대부분 죽고 형체만 남아 있지만 살아 있는 유충이 있다면 다음 비료를 만들 때 섞어주는 것이 좋다.

| 화학비료의 종류 |

인공적으로 만든 화학비료는 영양 성분비를 정확히 파악하기 어려운 천연비료와 달리

질소 : 인산 : 칼리의 비율을 정확히 알 수 있고 단기간 내에 눈에 띄는 효과를 볼 수 있다. 또, 발효 기간이 필요하지 않기 때문에 구매 즉시 사용이 가능하고, 환경에 구애받지 않고 사용 가능하다는 장점이 있다. 단, 정량 이상으로 과다하게 사용할 시 식물 성장에 해를 입힐 수 있기 때문에 주의가 필요하다. 아래는 구매가 가능한 화학비료들이다.

● <u>오스모코트</u>

국내에 유통되고 있는 알비료 형태의 오스모코트는 주요 성분의 함량비가 질소(15) : 인산(11) : 칼리(13)의 비율로 타 비료에 비해 성분비가 매우 높게 책정되어 있어 시비 후 매우 눈에 띄는 효과를 볼 수 있는 비료 중 하나다. 타 알비료들과 달리 삼투압 현상에 의해 용출되기 때문에 이미 비료 성분이 충분한 토양에서는 큰 효과를 나타내지 않는다. 연중 시비가 필요한 장미에게는 실내에서 키우거나 혹서기와 같은 한정적인 조건의 환경에서 사용하고 있다.

● 하이포넥스

가장 대중적으로 사용되는 제품으로 용도에 따라 세분화되어 있어 상황별, 시기별로 세심한 시비가 가능한 것이 가장 큰 장점이다. 시비 후 냄새가 거의 없어 실내에서도 사용이 가능하다.

※ **하이그레이드 원액**

질소(7) : 인산(10) : 칼리(6) 비율의 액체형 비료로 15종의 영양소와 미량 원소를 함유하고 있는 기본적인 제품이다. 희석 후 7～10일 간격으로 관수 및 엽면시비로 시비한다.

※ 하이그레이드 개화 촉진

질소(0) : 인산(6) : 칼리(4) 비율로 꽃을 피우기 위한 용도로 사용하는 제품이다. 단일 사용보다는 하이그레이드 원액과 격주로 번갈아가며 사용할 것을 권장한다.

※ 하이그레이드 활력액

이름대로 활력이 필요한 식물에게 사용하는 제품이다. 켈팍과 같이 어린 묘목이거나 연약한 개체, 이식 전과 후, 또는 장마철이나 겨울 동안 일조량이 부족한 시기에 주로 사용한다. 그늘진 장소에서 자라면서 영양분이 부족해진 식물에게도 효과적이다.

※ 하이포넥스 미분

질소(6.5) : 인산(6) : 칼리(19) 비율로 흰색 가루 형태의 제품이다. 가장 높게 함유된 칼리 성분이 식물의 뿌리를 건강하게 만들어 병충해와 추위, 더위에 대한 저항력을 높이는 역할을 한다. 필자의 경우 주로 겨울이 오기 전에 시비하여 냉해 피해를 예방하는 용도로 사용하고 있다. 사용 시 가루가 물에 완전히 녹지는 않기 때문에 최대한 잘 섞어 사용하고 남은 가루는 화분 위에 뿌려준다.

※ 하이그레이드 바라

질소(4) : 인산(6) : 칼리(6) 비율로 장미 전용으로 나온 제품이다. 단독 사용도 가능하지만 가급적 하이그레이드 원액과 번갈아가며 사용하도록 권장하고 있고 장미뿐만 아니라 꽃을 피우는 모든 식물에게 사용 가능하다.

| 비료 시비 방법 |

비료는 성분비와 형태에 따라 시비 방법이 달라진다. 모든 제품의 뒷면에는 제품에 대한 설명과 함께 적정 사용량, 시비 방법 등이 소개되어 있으니 사용 전 반드시 참고하도록 한다. 비료의 시비는 한여름 폭염이 지속되는 시기를 제외하고 연중 작업이 가능한데, 해가 짧고 온도가 낮은 가을과 봄 사이에는 해가 뜨기 전에 시비하는 것이 좋고, 해가 길고 온도가 높은 여름에는 해가 진 후에 시비를 하는 것이 좋다. 또, 장미가 휴면에 들어가는 겨울에는 성장을 촉진하고 열을 발생시키는 질소 비료를 투입 시 냉해를 입어 고사하는 경우가 있으니 켈팍, 하이포넥스 미분, 하이포넥스 활력액 등 뿌리를 강화하는 비료를 사용하는 것이 효과적이다.

● 고체 비료 시비 방법

시판용 제품이라면 설명에서 권장하는 방법을 사용하면 되지만 직접 만든 천연 비료의 경우에는 정량이 정해져 있지 않기 때문에 경험을 토대로 화분 크기 또는 장미의 성장세에 따라 양을 가감하며 시비를 하고 있다. 천연비료는 반드시 발효가 끝나고 열이 발생하지 않는 상태

화분 지름(cm)	시비 양(줌)
20~29	3
30~39	4
40~49	5
50~59	6

에서 사용해야 하고, 사용량은 손으로 크게 한 줌을 기본으로 화분 지름의 앞자리 +1 정도의 양으로 시비한다. 단, 필자의 경험에 의해 임의로 정한 양이기 때문에 장

미의 상태에 따라 가감하여 사용하기를 권장한다.

˟ 밑거름

땅에 정식으로 식재하기 전 또는 분갈이 시에 사용하는 비료로 대부분 오랜 시간에 걸쳐 효과를 나타내는 지효성 비료를 사용한다. 주로 가을과 봄에 시행하고, 봄이 오기 전, 혹은 싹이 트기 전에 시행하는 것이 가장 안전하다.

˟ 웃거름

덧거름, 추비라고도 하는 웃거름은 정식 후 식물의 생육에 따라 추가로 시비하는 비료이다. 식물체에 직접적으로 닿지 않게 둘레의 땅을 어느 정도 파낸 뒤 비료를 넣고 흙을 다시 덮어준다. 웃거름을 시비한 후에는 곧바로 관수하여 비료가 마르기 전에 식물이 흡수할 수 있도록 하는 것이 좋다.

● 액체 비료 시비 방법

제품 뒷면의 설명과 함께 희석 비율을 반드시 참고해서 사용한다. 대부분의 제품은 5~7일 간격으로 사용하기를 권장하고 있다. 액체 비료의 시비는 물뿌리개에 물과 정량의 액체 비료를 섞어 관수하는 방법과 비료 분무기를 이용해 잎에 살포하는 엽면시비 두 가지 방법이 있다. 엽면시비는 식물체에 직접적으로 닿아 효과가 빠른 장점이 있지만 온도가 높고 태양빛이 강한 여름에는 잎이 화상을 입는 경우가 발생할 수 있기 때문에 반드시 해가 진 후 작업을 해야 한다. 서늘한 봄과 가을에는 습기가 오래 머물게 되면 흰가루병에 노출되기 쉽기 때문에 해가 뜨기 직전에 시비하여 빠른 시간 내에 마르도록 하는 것이 좋다.

본격적인
장미 가드닝

장미 묘목 상태별 관리 방법

주로 봄이 오기 직전에 유통되는 장미는 대부분 어린 묘목으로 판매된다. 이때 묘목은 브랜드와 판매처에 따라 각각 다른 형태로 판매되는데, 어떤 형태인지에 따라 심는 방법과 흙의 배합 방법, 초기 관리 등이 달라지기 때문에 장미의 상태에 따라 적절한 대처를 해주는 것이 중요하다. 또 한 가지 중요한 것은 건강한 묘목을 구매하는 것인데, 아무리 아름답고 귀한 품종이라도 병들고 약한 묘목은 쉽게 죽을 가능성이 높기 때문에 묘목을 받고 줄기가 단단하고 초록색으로 건강한지, 줄기에 마름 현상은 없는지, 검게 변하거나 반점은 없는지 등을 확인해야 한다.

| 맨 뿌리 묘 |

화분과 같은 용기에 담기지 않고 뿌리만으로 배송되는 '맨 뿌리 묘Bare root'는 해외에서 수입되자마자 판매되거나 '접목 묘'인 경우 주로 볼 수 있는데, 국내에서는 아직 흔히 볼 수 있는 형태는 아니다. 품종에 따라 차이는 있지만 같은 품종의 경우 화분에 심긴 장미에 비해 저렴한 편이고 인삼과 비슷한 모양을 하고 있다. 맨 뿌리 묘

는 뿌리가 외부 환경에 그대로 노출되어 있기 때문에 이동 시 빛을 반드시 차단해야 하고, 배송 받은 직후에는 빠른 시간 내에 물에 담가 두어야 한다. 이때 물은 금방 받은 차가운 물보다는 통에 담아 하루 정도 지난 상온의 물을 쓰는 것이 좋고, 최대 24시간 정도 담가 두어 배송 도중 건조해진 뿌리가 물을 최대한 흡수할 수 있도록 해야 한다. 구입 시기는 서늘한 봄과 가을이 적절하다. 여름에는 고온과 햇빛으로 인해 노출된 뿌리가 쉽게 손상되어 묘목이 상할 수 있기 때문에 구매를 피하는 것이 좋다.

| 화분 묘 |

화분이나 포트에 심긴Potted 묘목은 맨 뿌리 묘에 비해 가격이 비싼 편이지만, 일반적으로 1년 이상 성장했기 때문에 당년부터 꽃을 피우기에 무리가 없고 구매 시기에 크게 영향을 받지 않는다. 단, 주의할 점은 화분 속 흙이 어떤 재료로 구성되어 있는지에 따라 추후 관리가 달라지기 때문에 배송 받은 후 흙을 먼저 관찰하는 것이 필요하다.

● 무거운 점토질 흙에 심긴 묘목

점토질의 흙에 심긴 묘목은 주로 배송 시 뿌리 마름을 예방하기 위해 점토를 붙이는 경우가 대부분이다. 구매 후 땅에 심을 때는 크게 무리가 없지만 실내 또는 화분에 심을 경우 과습 피해를 입을 수 있어 주의가 필요하

다. 점토 흙이 붙은 묘목은 외관상 확인이 어렵기 때문에 분갈이 시 뿌리를 만져보고 확인한다. 점토가 붙은 뿌리는 무리하게 손으로 흙을 떼려고 하지 말고 물통에 하루 이상 담가 두어 점질의 흙이 자연스럽게 떨어지도록 한다. 일정 시간이 지나 흙이 제거되면 흐르는 물에 뿌리를 씻어내 남은 흙을 털어내고 양질의 토양에 다시 식재한다.

● 가볍고 부드러운 흙에 심긴 묘목

코코피트 또는 상토와 같이 매우 가볍고 부드러운 흙에 심긴 묘목은 뿌리가 상하지 않게 하면서 습기를 유지해 연중 배송이 가능하기 때문에 많은 농장에서 주로 사용하고 있는 방법이다. 이런 경우 분갈이를 하지 않고 키운다면 식물이 흙에 고정되지 않아 뿌리가 약해지고, 토양 내 유기질 성분 부족으로 시기를 조금이라도 놓치면 연약하게 성장할 수 있기 때문에 가급적 올바르게 배합된 흙으로 분갈이를 해주는 것이 좋다. 주의할 점은 겉에서 보았을 때 가벼운 흙에 심겨져 있더라도 배송 시 물이 마르지 않게 하기 위해 뿌리 주변으로 진흙 공을 붙여 판매하는 경우가 종종 있기 때문에 분갈이를 할 때 뿌리 안쪽으로 손을 넣어 진흙이 붙어 있는지 확인한 후 작업하는 것이 안전하다.

● 배합토에 심긴 묘목

가장 이상적인 형태의 흙에 심긴 묘
목이다. 적당히 무게감이 있으면서
물 빠짐이 좋기 때문에 뿌리가 화분
바닥으로 나와 있지 않다면 당분간은
분갈이를 하지 않고 키워도 좋다. 봄,
가을꽃이 피기 전이라면 웃거름을 주
는 것도 좋은 방법이다. 단, 실내에서
키우는 경우 배수가 좋더라도 물 마름이 더딜 수 있기 때문에 주의해야 한다.

장미 식재하기

| 땅 정원의 장미 식재 |

땅에 심긴 장미는 화분 장미에 비해 성장이 빠르고, 병해충과 혹서기, 혹한기에 강하다. 무엇보다 꽃의 크기가 크고 좋은 품질의 꽃이 핀다는 것이 가장 큰 장점이다. 하지만 식재 후에는 이동 및 배치 변경이 어렵기 때문에 식재 전에 세밀한 부분까지 정원 디자인을 계획한 후 작업하는 것이 좋다.

장미를 심는 장소로는 하루 6시간 이상, 특히 오전 햇빛을 충분히 받을 수 있고 통풍이 원활한 장소가 이상적이다. 그늘진 장소에서도 성장에 무리가 없는 품종의 장미는 최소 4시간 이상 해가 드는 장소에 심거나, 해가 잘 들지만 나무 그늘이 오후의 뙤약볕을 살짝 가려주는 위치에 심는 것도 좋다. 단, 장미를 심는 장소 바로 근처에 큰 나무의 뿌리가 있거나 생육이 왕성한 식물이 함께 자라는 곳에서는 경쟁이 심하기 때문에 피해야 하고, 토양이 너무 척박하거나 점토질인 경우에는 식재 전에 토양을 먼저 개선한 후 심는 것이 좋다.

식재 시기는 봄에는 땅이 녹은 후부터 가능하지만 너무 어린 묘목은 가급적 꽃샘추위가 완전히 물러간 후에 심는 것이 가장 안전하고, 6월부터 9월 사이 더위가 심한 시기는 작업을 피하는 것이 좋다. 식재는 늦어도 10월 이전까지는 완료해야 장미가 겨울 추위에 무리 없이 견딜 수 있다.

● 땅 정원의 장미 식재 방법

① 장미를 심을 장소의 토양 상태를 확인한다. 토양이 과도하게 척박하거나 반대로 과도하게 수분이 많다면 여러 가지 재료를 혼합해 장미가 자라기 적합한 토양으로 개량해주는 것이 좋다.

② 뿌리 전체 길이의 두 배 이상의 깊이(최소 50cm)로 구덩이를 만든다. 땅속에 쓰레기나 다른 식물의 뿌리, 애벌레 등이 있다면 깨끗하게 치워준다.

③ 구덩이 안으로 밑거름을 넣어준다. 이때 발효가 진행되는 중인 비료를 넣었을 경우 열과 가스가 발생하면서 뿌리가 녹고 식물체가 고사할 수 있으니 반드시 발효가 완료된 제품을 사용해야 한다.

④ 비료 위로 뿌리가 직접적으로 닿지 않도록 흙을 약간 덮어 비료와 섞고 그 위로 다시 흙을 채워준다.

⑤ 구덩이 안으로 묘목을 넣고 위치를 잡은 뒤 남은 공간을 흙으로 채워준다. 이때 접목 부위는 흙 아래로 5cm 이상 묻히도록 심어야 겨울의 냉해와 동해 피해로부터 나무를 보호할 수 있다. 한파가 극심하지 않은 지역에서라면 접목 부분을 땅 위로 올려 심어도 무리가 없기 때문에 환경에 따라 유연성 있게 작업하면 된다. 덩굴장미의 경우 아치나 벽, 기둥 등의 구조물이 있는 방향으로 기울여 심는 것이 덩굴을 빠르게 형성하는 데 도움이 된다. 흙을 완전히 채우지 않은 상태에서 장미가 어느 정도 고정이 되었으면 한 차례 물을 준다.

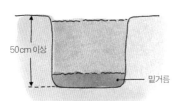

50cm 이상

밑거름

50cm 이상 구덩이를 파고
밑거름을 넣는다

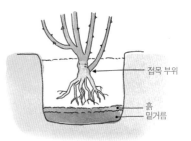

접목 부위

흙
밑거름

접목 부위가 흙 아래로 오도록
위치를 잡는다

흙을 채우면서 물을 준다

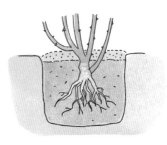

언덕 모양으로 흙을 쌓은 뒤
발로 밟아준다

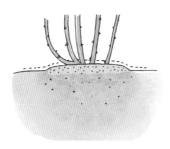

장미 주위를 멀칭한다

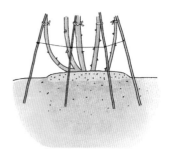

지주대, 오벨리스크 등을 설치한다

⑥ 흙을 지면 높이까지 채우고 다시 물을 준다. 물이 더 이상 빠르게 배수되지 않고 흙 위에 머무를 때까지 충분히 관수하고, 관수 후 지면이 꺼지는 부분이 발생하면 여분의 흙을 추가로 올려준다. 이때 장미의 중심이 높아지도록 언덕 모양으로 흙을 쌓는다.

⑦ 뿌리가 흔들리면 장미가 제대로 성장하기 어렵기 때문에 지면을 발로 밟아 다져준다.

⑧ 식재가 완료된 뒤엔 멀칭을 하고 물을 한 번 더 주어 멀칭재가 충분히 젖을 수 있도록 한다. 5cm 이상의 두께로 가능한 화단 전체를 멀칭하는 것이 좋지만 여의치 않다면 장미 둘레 1m 정도까지 작업한다.

⑨ 마지막으로 지주대, 오벨리스크, 아치 등을 설치한다. 성장이 진행되면 설치가 어렵기 때문에 줄기가 성장하지 않은 어린 묘목일 때부터 세워주는 것이 효과적이다.

⑩ 식재 후 일주일 정도의 기간을 보내고 장미가 무사히 안착했다면 뿌리에 너무 가깝지 않게 거리를 두고 흙을 약간 파낸 뒤 웃거름을 얹어준다. 어린 묘목은 손으로 2~4줌, 30cm 이상의 묘목은 4~10줌, 1m 이상의 성목은 삽을 이용해 둘레로 둘러주는데, 웃거름을 흙과 섞어 넣어주고 그 위를 다시 흙으로 덮어준 뒤 관수하며 마무리한다.

| 화분에 장미 식재 |

화분에 심긴 장미는 실내에서 키우는 것이 가능하고, 이동성이 좋아 상황에 따라 배치를 자유롭게 변경할 수 있는 장점이 있다. 하지만 땅에 심긴 장미에 비해 외부 환경에 민감하고, 화분의 소재와 크기, 흙의 성분 등에 따라 나무의 성장과 꽃의 생성에 영향을 받기 때문에 꾸준한 관심과 세심한 관리가 필요하다.

품종에 따라 차이는 있지만 지름과 높이가 30cm 이상인 화분을 사용하는 것이 건강한 장미를 키우는 데 좋고, 해마다 더 큰 화분으로 옮겨주는 것이 좋다. 분갈이 시기는 자유로운 편이지만 여름에는 분갈이 앓이로 인해 심하면 나무가 고사할 수 있기 때문에 반드시 해가 없는 서늘한 장소에서 작업하고, 분갈이 후에는 일주일 이상 그늘에 두어 적응하도록 해야 한다. 겨울에는 뿌리가 약한 어린 묘목과 작은 화분을 외부의 추위와 찬바람에 노출되지 않도록 무 가온 실내로 들여놓아야 하고, 온도가 영하로 떨어지는 장소에서는 화분을 포함해 보온 작업을 해야 문제없이 겨울을 지낼 수 있다.

여름에 분갈이를 하거나 현재의 화분보다 작은 화분, 또는 같은 화분에서 흙 갈이를 할 경우 지켜야 할 법칙이 있는데, 분갈이 전에 먼저 전정을 하고 켈팍 또는 칼리비료 등으로 관수한 뒤 작업을 하는 것이 안전하다. 전정을 먼저 하지 않고 시행하게 되면 뿌리와 지상부의 균형이 깨지면서 분갈이 후 수일 내에 고사하는 경우가 있기 때문에 반드시 지키도록 한다.

● 화분 장미 식재 방법

① 화분의 배수구 위로 깔망을 깔아준다. 깔망은 흙이 배수구 아래로 쉽게 유실

되는 것을 방지하는 역할을 한다. 가드닝 용도로 판매되는 제품이 아니더라도 구멍이 너무 작아서 배수가 되지 않거나 너무 커서 흙이 유실되지만 않는다면 양파망, 방충망 등과 같은 재료로 대체할 수 있다.

② 입자가 굵은 마사, 난석, 스티로폼 등을 사용해 배수층을 만들어준다. 배수층은 가능하면 두터운 것이 좋지만 화분이 작은 경우 배수구가 가려질 정도로만 깔아주고, 배수층을 만들기 어려운 화분은 화분 아래로 배수판을 설치한다. 배수층은 물 빠짐을 좋게 만드는 것이 가장 큰 목적이지만 지열의 변화에 뿌리가 직접적으로 영향을 받지 않도록 하는 데도 도움이 된다.

③ 배수층이 가려질 정도로만 약간의 흙을 채우고 밑거름을 넣어준다. 화분의 크기에 따라 양을 조절하고 반드시 발효가 끝난 제품을 사용한다. 화분이 너무 작을 경우에는 생략하고 웃거름으로만 시비한다.

④ 비료의 윗부분을 흙과 살짝 섞고 그 위로 다시 흙을 덮어준 뒤 화분 안으로 묘목을 넣는다. 이때 묘목의 뿌리가 기존 화분에 가득 차 있다면 겉 부분을 손가락으로 살살 털어낸다. 과도하지 않게 풀어주면 분갈이 후 뿌리가 좀 더 쉽고 빠르게 활착하는 데 도움이 된다. 묘목의 접목 부위는 흙 아래로 내려가는 것이 겨울 추위에 안전하지만 화분 크기가 작다면 올라와 있는 상태로도 무방하다.

⑤ 묘목의 중심을 화분의 중심과 맞추어 세우고 흙을 채운다. 흙을 채우는 중간 중간에 화분의 바깥쪽을 쳐주거나 화분을 사방으로 약하게 흔들어 화분의 아

배수구 위로 깔망을 깔고
배수층을 만든다

밑거름

밑거름을 넣은 뒤 묘목을 넣는다

어느 정도 흙이 채워지면 화분을
좌우상하로 흔든다

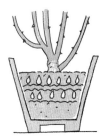

한 차례 관수한 뒤 나머지
흙을 채우고 관수한다

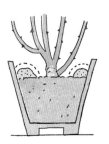

화분 가장자리로 웃거름을 준다

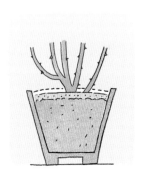

멀칭을 하고 관수한 뒤
그늘진 장소로 옮긴다

치치의 사계절 장미 정원

랫부분까지 흙이 골고루 들어갈 수 있도록 한다.

⑥ 흙이 어느 정도 채워진 뒤에 한 차례 관수하고, 묘목이 흔들리지 않으면 나머지 흙을 채우고 다시 한 번 관수한다. 관수는 화분 바닥으로 물이 약간 새어나올 때까지 조금씩 여러 번에 나누어 천천히 시행한다. 이때 흙이 파인 자리는 여분의 흙으로 채워준다.
묘목의 중심 부분이 봉긋하도록 흙을 채우고 화분의 가장자리로 웃거름을 넣는다. 웃거름은 흙을 약간 파내어 넣고 다시 흙을 덮어준다.

⑧ 마지막으로 멀칭을 하고 멀칭재가 충분히 젖을 만큼 물을 준 뒤 화분을 그늘진 장소로 옮긴다. 분갈이 한 묘목을 그늘에서 일주일 정도 적응시킨 뒤 이상이 없으면 원하는 위치로 이동시킨다.

장미 관수하기

토양에 수분이 부족할 때에 인위적으로 물을 주는 작업을 관수라고 한다. 장미는 건조에 강하지만 물을 매우 좋아하는 식물이다. 땅에 심은 장미의 경우 화분 장미에 비해 물을 주는 횟수가 매우 적고 가뭄이 아닌 이상 비와 눈만으로도 충족이 되어 생육에 크게 문제가 되지 않지만, 화분 속 흙은 땅에 비해 물이 마르는 속도가 빨라 반드시 관수가 필요하다. 단, 어느 곳에 심었든 흙이 마른 상태가 오래 지속되는 경우 꽃이 피지 않거나 잎이 노랗게 변하고 심하면 줄기가 마르며 고사할 수 있기 때문에 너무 건조한 상태가 지속되지 않도록 주의하자.

물을 주는 도구로는 크게 물뿌리개와 호스가 있다. 물뿌리개는 토양이 흡수하는 물의 양을 파악하기 쉽고 액체비료를 섞어 관수할 수 있다는 장점이 있는 반면 무게로 인해 가드너의 체력 소모가 크다는 단점이 있다. 호스는 스프레이건을 장착해 여러 가지 노즐 선택으로 상황별 분사 방법 선택이 가능하고 체력 소모가 적다는 장점이 있지만 수도가 외부에 노출되어 있는 경우 겨울에 동파할 수 있는 단점이 있다.

식물의 뿌리는 토양이 젖고 마름을 반복하는 동안 성장한다. 이때 물이 마르지 않고 너무 오랜 시간 토양이 젖어 있다면 과습이 생기고, 반대로 너무 오래 가뭄이 지속되면 뿌리가 마르면서 식물 역시 말라 죽기 때문에 토양의 상태를 확인한 후 관수하는 것이 바람직하다. 관수의 주기는 시간의 개념보다는 환경에 따라 흙 상태를 확인해 지표면의 흙은 충분히 마르고 속 흙은 약간 촉촉한 정도일 때 시행하는 것이 좋다.

물을 필요로 하는 것은 뿌리이기 때문에 가급적 잎에는 물이 닿지 않도록 관수한다. 수압이 너무 강하거나 일자형 물줄기는 흙탕물이 튀거나 흙이 파이고, 너무 미세한 물줄기는 시간이 지나면서 흙을 단단하게 만들기 때문에 적당한 수압의 샤워기 형태의 물줄기를 선택하는 것이 좋다. 화분 관수의 경우 화분의 가장자리로 물을 주는 것이 흡수가 빠르기 때문에 가장자리부터 물을 주면서 점점 중심으로 이동하는 것이 효과적이다.

잎에 맺힌 물방울은 해가 닿으면 돋보기 효과로 식물에 화상을 입힐 수 있다. 그러니 관수는 가급적 해가 없는 시간대에 시행하는 것이 좋다. 일반적으로 새벽 또는 해가 진 후가 좋지만 겨울에는 예외적으로 동해 예방을 위해 해가 뜬 후 온도가 어느 정도 오른 뒤에 관수하는 것이 좋다.

물의 양은 한꺼번에 많은 양을 주기보다 천천히 3~5차례 이상 여러 번에 나누어 흙 속까지 골고루 물이 스며들 수 있도록 하고, 화분의 경우 바닥으로 물이 약간 새어나올 정도의 양을 주는 것이 적당하다.

장미의 상태와 계절에 따라 물을 주는 횟수는 달라진다. 꽃이 만개한 상태에서는 더욱 많은 양의 물을 필요로 하기 때문에 특히 봄 만개 시 관수가 중요하고, 여름에는 하루에 2차례 이상 관수를 하기도 한다. 단, 37도 이상의 폭염과 열대야가 지속되는 시기에는 식물이 광합성을 멈추어 뿌리가 물을 흡수하는 일이 줄어들기 때문에 과습에 주의해야 한다. 겨울에는 월 1회 이하로 물주는 횟수가 줄어들지만 화분 중 토분, 도자기 화분, 항아리 화분 등은 주의가 필요하다. 이 같은 화분들은 화분 속에 물이 가득 차면 영하의 온도에 물이 얼면서 팽창했다가 얼음이 녹아 뿌리가 물을 흡수하면 수축이 되면서 깨지기 쉽다. 이 경우, 흙을 만졌을 때 단단하게 얼어 있는 상태에서는 관수를 중단하고 영상의 기온으로 올라가 흙이 부드럽고 3일 이상 한파가 예보되지 않을 때에 관수를 한다면 화분이 깨지는 것을 어느 정도 방지할 수 있다.

장미 전정하기

전지剪枝는 나무의 가지를 잘라내는 행위를 의미하고, 전정剪定은 아름다운 수형을 만들거나 약한 줄기를 잘라내어 건강한 나무를 키우기 위해 시행하는 작업을 의미한다. 장미의 경우 시기별, 수형별 전정 방법이 다르기 때문에 키우고 있는 장미에 대한 기본 정보를 파악하는 것이 전정의 시작이다. 관목 장미는 주로 새로운 가지에서 꽃을 피우기 때문에 주기적인 전정이 필요하지만 덩굴장미는 1년 이상 성장한 줄기에서 꽃을 피우기 때문에 특별한 경우를 제외하고 전정 없이 키우는 것이 좋다.

| 기본 전지 방법 |

① 병들고 약한 가지는 줄기의 시작 지점에서 바짝 잘라준다. 이때 병든 줄기를 길게 남겨두거나 비스듬히 자르지 않아야 한다

② 줄기를 자를 때는 눈에서 위로 0.5cm 정도 떨어진 위치를 평평하게 자르거나 45도 각도로 비스듬히 잘라준다. 너무 날카롭거나 눈에서 멀리 잘랐을 경우 갈변하며 마름 현상이 생길 수 있고, 눈이 나 있는 방향으로 기울여 자른 경우 물방울이 고여 세균성 병에 감염될 가능성이 높기 때문에 가급적 눈의 반대 방향으로 기울어지도록 전지한다.

③ 수형을 만들기 위해서 전지하는 경우에는 잎과 줄기 사이의 눈의 유무를 확인한 후 자를 부분을 선택한다. 새로운 꽃과 줄기는 눈이 달린 부분에서 자라나는데, 모든 잎자루에 눈이 달려 있지는 않기 때문에 자르고자 하는 위치에 눈의 유무를 반드시 확인한 후 잘라야 한다.

④ 전지는 주로 눈의 위치가 식물의 바깥쪽을 향해 있는 곳을 자르는 것이 일반적이지만 화분 등 공간이 협소한 장소에서는 무조건 밖을 향한 부분을 자르게 되면 성장 후 공간이 더욱 좁아지기 때문에 유연하게 선택하여 전정해야 한다.

⑤ 잘라낸 줄기의 단면에는 톱신페스트 도포제와 같은 도포형 살균제를 발라준다. 전지 후 세균 감염과 냉해 및 동해 예방에 효과가 있다. 또 전지를 하고 난 뒤 전지가위는 반드시 소독용 알코올로 살균하고, 추가로 불로 달궈 병균이 남아 있지 않도록 하는 것이 중요하다.

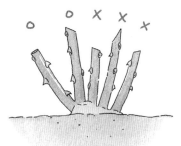

| 데드 헤딩 |

장미의 전체적인 수형을 다듬는 전정과는 별개로 꽃이 진 후 꽃대를 자르는 데드 헤딩은 꽃이 피는 기간 동안에는 끊임없이 시행해야 하는 작업이다. 빠른 데드 헤딩은 다음 꽃을 피울 수 있는 힘을 저장하게 할 수 있어 개화의 시기를 앞당긴다.

다만, 열매가 필요하거나 꽃이 연중 한 번 피는 품종에서는
시행하지 않아도 무방하다. 늦가을에 핀 꽃은 데드 헤딩
하지 않고 고의적으로 열매를 맺히게 하기도 하는데, 열
매를 맺은 장미는 살아남기 위해 에너지를 모아 겨울 추
위를 이겨낼 수 있는 힘을 비축하기 때문이다.

데드 헤딩은 꽃 아래 3매 엽을 포함하여 5매 엽 바로 윗
부분을 자르는 것이 정석이지만, 눈의 유무를 확인하여
전체적인 수형을 보면서 전정하듯 잘라주는 것이 지속적으로
아름다운 수형의 장미를 만드는 데 효과적이다.

눈

| 시기별 전정 방법 |

● 겨울 전정

봄이 오기 직전 시행하는 겨울 전정은 장미를 키울 때 필요한 전정 작업 중에서도
가장 중요한 작업이다. 연중 가장 강하게 줄기를 잘라내어 그해 장미 수형의 틀을
만드는 기초 작업으로 전정 시기는 줄기에 빨갛게 눈이 싹트기 전에 시행하는 것이
좋다. 단, 극한 지역이거나 꽃샘추위 등으로 온도 차가 극심한 장소의 경우 전정 후
냉해와 동해의 피해가 있을 수 있기 때문에 싹이 나더라도 추위가 완전히 물러간
후 시행하는 것이 좋다.

겨울에 시행하는 전정은 다른 시기의 전정보다 강하게 실시한다. 강한 전정은 새로
운 줄기가 나오는 데 영향을 미치고, 굵고 튼튼한 줄기를 내는 데 도움을 준다. 관
목 장미의 경우 현재 크기의 1/3 또는 1/2까지 전정하기도 하고, 하이브리드 티 품

종의 경우에는 10cm 정도만 남기는 매우 강한 전정을 시행해 보다 튼튼한 줄기를 유도하여 큰 꽃이 필 수 있도록 한다. 덩굴장미의 경우에는 키를 낮추기보다 줄기의 수를 3~5줄기 정도로 줄여 남은 줄기에서 꽃이 만개할 수 있도록 유도한다.

● 만개 후 전정

봄 만개 이후 시행하는 전정은 다음 꽃을 피울 힘을 비축하고, 급상승하는 기온으로 발생하는 병해충을 예방하기 위해 실시한다. 연필 굵기 이하의 가는 가지, 병든 가지 등을 먼저 자르고, 식물의 안쪽을 향해 있어 통풍을 방해하고 벌레의 서식을 유발하는 가지를 솎아낸다. 바닥을 향해 뻗는 가지는 장마 후 흑점병을 유발하기 때문에 줄기의 시작점에서 바짝 잘라내고, 마지막으로 전체적인 높이를 다듬어주면서 마무리한다.

● 여름 전정

여름 전정은 가장 아름다운 꽃을 피우는 가을을 대비해 여름이 끝나가는 시기에 시행한다. 일반적으로 광복절을 전후해 시행하는 것이 좋은데 폭염이 너무 심한 경우에는 시기를 미루는 것이 안전하다. 여름 전정은 겨울 전정보다 약하게 실행하는데 병들거나 약한 가지, 통풍을 방해하는 가지를 먼저 자르고 전체 높이의 2/3에서 3/5 정도로 맞춘다. 이때 유의할 것은 꽃을 만들 힘을 기르기 위해서는 충분한 광합성이 필요함으로 건강한 잎을 최대한 많이 살려두는 것이다. 폭염이 끝나면 흑점병이 창궐하기 적절한 환경이 만들어지므로 주기별로 적절한 방제와 함께 성장과 꽃을 위한 시비를 하는 것 또한 중요하다.

- 강 전정(12~4월)

  주로 늦가을 또는 겨울철에 시행하는 강 전정은 에너지를 응축시켜 새로운 줄기가
  더욱 힘차게 자라게 하고 꽃이 크게 필 수 있도록 돕는다. 관목 장미 중 큰 꽃을 피
  우는 하이브리드 티 장미에 가장 적합한 전정 방법이다.

  강 전정은 품종과 시기에 상관없이 땅에 심은 장미의 이식 또는 현재보다 작은 화
  분으로 분갈이가 필요한 경우에도 적용할 수 있다. 이때는 반드시 지상부를 먼저
  강하게 전정한 후 이식해야 분갈이 앓이 또는 고사의 위험을 줄일 수 있다. 단, 강
  전정 후 이식을 한 경우에는 성장과 꽃 달림이 늦어질 수 있다.

- 일반 전정(5~10월)

  하이브리드 티, 플로리분다, 그랜디플로라, 반덩굴성 장미 등에 시행할 수 있는 전
  정 방법으로, 시기에 상관없이 시행 가능하다. 일반적으로 줄기의 길이를 50cm 정

도 남기고 자르는데, 성장과 꽃 달림이 빠르고 많은 꽃을 피울 수 있어 가장 많이 사용되는 방법이다.

- 약 전정(5~11월)

연중 꽃이 피는 품종을 대상으로 고온기인 여름과 초가을에 시행하는 방법이다. 통풍을 원활하게 만들어 병충해를 예방하고 꽃눈을 자극해 빠른 시일 내에 꽃이 다시 필 수 있도록 하는 역할을 한다.

● 하이브리드 티 장미의 전정

10cm 이상의 큰 꽃을 피우는 하이브리드 티 장미는 타 계열의 장미보다 강하게 전
정한다. 너무 가는 가지에서는 꽃이 피지 않기 때문에 연필 굵기 이하의 가지는 밑
동에서 바짝 자르고, 줄기의 수도 다섯 줄기 이하로 제한하면 더욱 큰 꽃을 피울 수
있다. 봄 만개 이후 분화된 가지는 더 굵고 건강한 가지만 남기고 잘라내고, 꽃봉오
리가 여러 개 맺은 경우 가장 큰 꽃봉오리를 제외한 곁 봉오리를 모두 제거해야 크
고 완벽한 화형의 꽃을 피울 수 있다.

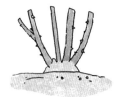

● 플로리분다 장미의 전정

8cm 이하의 작은 꽃을 피우는 플로리분다 장미는 하이브리드 티 장미보다 약하게
전정한다. 나무젓가락 이하 굵기의 가는 가지에서도 꽃을 피우기 때문에 통풍이 원

활한 선에서 최대한 많은 가지를 남겨 두는 것이 도움이 된다. 봄에 성장하는 흡지는 30cm 정도 성장했을 때 위에 있는 순을 잘라내면 두 개 이상의 줄기로 분화되어 더 많은 가지를 만들어낸다. 꽃봉오리가 여러 개 맺은 경우 하이브리드 티 장미와는 반대로 가장 큰 꽃봉오리를 잘라내면 곁 봉오리들이 새로 올라와 한 가지에 최대 50~100송이의 꽃이 피기도 한다.

● 반덩굴성 장미의 전정

관목과 덩굴의 특성을 모두 갖춘 반덩굴성 장미의 전정 방법은 선택의 폭이 넓다. 꽃의 수를 줄이고 크기를 키우기 위해서는 줄기의 수를 줄이고 조금은 과감하게 전정하고, 꽃의 크기는 약간 작지만 많은 꽃을 피우기 위해서는 약한 전정 방법으로 유연하게 선택해 작업한다. 단, 반덩굴성 장미의 겨울 전정을 너무 강하게 시행하면 꽃이 달리는 시기와 성장 기간이 늦어지고 꽃의 수가 줄어들기 때문에 주의한다. 일반 전정과 약 전정 시행 시에는 가늘고 긴 줄기가 나오면서 쉽게 휘어지기 때문에 전체적으로 둥근 수형을 잡아가며 전정하는 것이 미관상 좋다. 반덩굴성 장미를 3m 이하의 키가 작은 덩굴로 키우려는 경우에는 오벨리스크 등과 같은 시설물을 미리 설치하고 덩굴장미의 전정 방법을 선택해 작업한다.

● 덩굴장미의 전정

덩굴장미는 2~4년 차 줄기에서 가장 폭발적으로 만개하기 때문에 이에 해당하지 않는 줄기 위주로 전정한다. 5년 이상의 묵은 줄기는 지면에서 가깝게 바짝 자르

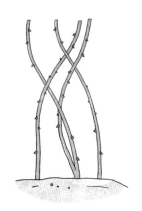

고, 너무 굵어 전지가위 사용이 불가능한 경우에는 전지톱을 이용해 잘라낸다. 필요한 개수 이상의 흡지는 성장 전에 지표면 가까이에서 자르는 것이 힘을 비축하고 꽃을 피우는 데 효과적이다.

● 스탠다드 장미의 전정

일반 장미에 비해 성장과 새로운 줄기의 생성이 더디다. 특히 화분에서 키우는 경우 그 정도가 더욱 심하기 때문에 가지가 우거져서 통풍이 불량한 경우가 아니라면 가급적 줄기 자체를 밑동에서부터 바짝 자르는 것은 좋지 않다. 병들거나 너무 약한 가지를 위주로 자르고 전체적으로 둥글게 수형을 잡아 전정해야 만개 시에 아름다운 모습을 볼 수 있다. 기둥이 되는 외대 줄기에서 나오는 싹은 보는 즉시 바로바로 제거하자.

스탠다드 장미의 유래

스탠다드 장미Standard Rose 또는 나무 장미Tree Rose는 18세기 유럽에서 처음으로 등장했다. 19세기 독일에서 스탠다드 장미의 대목으로 사용되는 품종이 개발되면서 프랑스와 영국의 정원에서 흔히 볼 수 있게 되었고, 이후 어느 정원에서나 쉽게 볼 수 있다고 하여 스탠다드라는 명칭을 갖게 되었다.

스탠다드 장미 제작 방법

브랜드마다 스탠다드 장미를 만드는 방법은 다양하지만 기본적인 방법은 다음과 같다.

① 기둥이 될 외대 대목을 준비한다. 줄기는 곧고 튼튼해야 하며 1~1.5m 정도 길이의 대목이 적당하다.
② 대목의 꼭대기 부분에 2~4개 정도의 장미 가지를 접목한다. 접목 부분이 제대로 활착할 때까지 파라핀 또는 접목테이프를 이용해 단단히 고정한다.
③ 대목에서 나오는 싹은 접목한 장미의 성장을 방해하기 때문에 발견 즉시 바짝 자른다.

스탠다드 장미의 관리 방법

스탠다드 장미는 접목 품종에 따라 관리 방법이 달라지지만 관목형 장미를 기준으로 관리하는 것이 편리하다. 단, 일반 장미들과는 달리 대목을 거친 후에 힘을 받기 때문에 성장과 꽃 달림이 더딜 수 있다. 화분 선택 시 넓고 깊은 형태의 큰 화분이 좋고 식재할 때는 일반 장미에 비해 비료를 조금 더 첨가하는 것이 좋다. 내한성은 약한 편이기 때문에 겨울 한파가 오기 전에는 대목 보온을 철저히 해야 하고, 바람에 넘어지거나 부러질 염려가 있으므로 지지대를 설치해주는 것이 좋다.

장미의 겨울나기

내한성이 강한 장미는 온화한 기후에서는 별도의 조치 없이 겨울을 지내는 것이 가능하지만, 겨울 추위가 심한 지역이거나 화분 장미의 경우 무사히 월동할 수 있는 장치가 필요하다. 단, 같은 시기라도 지역에 따라 보온 시기와 방법이 다르고 특정 장소의 경우 보온이 필요 없는 경우도 있기 때문에 장미를 키우고 있는 장소의 겨울 환경이 어떤지를 먼저 파악하고 월동 준비를 하는 것이 바람직하다.

● 냉해와 동해

냉해는 초겨울 또는 꽃샘추위 기간 동안 급격한 기온 차와 함께 장미가 차갑고 건조한 바람에 노출되어 발생하는 증상이다. 냉해에 걸린 장미는 줄기 끝부분부터 마

냉해를 입은 장미목

동해를 입은 장미목

름 증상이 나타나게 되고, 심한 경우 갈변하거나 검게 변하면서 식물체 전체로 번져 식물이 고사할 수 있다. 내한성이 강한 장미는 어느 정도의 냉해를 이겨낼 수 있지만 우리나라의 경우 환경 변화로 겨울이 점점 더 추워지고 있어 가급적 미리 예방하는 것이 좋다.

냉해와 비슷한 증상을 보이는 동해는 한파로 인해 식물이 얼게 되면서 발생하는 증상으로 뿌리에 직접적인 영향을 주기 때문에 냉해에 비해 고사의 확률이 높다. 동해를 입은 장미는 줄기 마름 증상과 함께 뿌리와 가까운 지면부의 줄기부터 검게 변한다.

● 냉해와 동해 방지 방법

※ 늦가을, 지면에서 올라오는 새로운 줄기는 시작 지점에서 바짝 자르고 살균 도포제를 바른다. 어린 줄기는 겨울 동안 성장하지 못하고 냉해 또는 동해를 입을 가능성이 크기 때문에 겨울이 오기 전에 미리 제거해야 한다.

※ 차갑고 건조한 바람은 냉해의 주범이다. 잎의 증산 작용을 가속화하고 뿌리 부분을 건조하게 만들기 때문에 바람이 심하게 부는 지역의 정원 둘레에는 바람막이를 설치하거나 장미 줄기를 보온해주는 것이 안전하다.

※ 겨울 동안 늦은 오후 또는 저녁에 시행하는 관수는 뿌리를 오랜 시간 얼려 동해를 입게 만든다. 겨울 물주기는 가급적 기온이 영상으로 올라가는 날을 선택해야 하고, 해가 뜨고 오래 지나지 않은 오전 중에 시행하는 것이 안전하다.

늦은 가을 또는 겨울에 시비하는 질소비료는 휴면기에 성장을 촉진시킬 우려가 있다. 휴면기에 나온 새로운 줄기로 인해 피해를 입을 수 있기 때문에 겨울이 가까워지는 시기에는 질소비료 사용을 금하고, 식물의 내한성을 키워주는 인산과 칼리비료를 시비하는 것이 좋다.

화분 장미의 경우 땅에 심긴 장미에 비해 냉해와 동해의 피해에 더 많이 노출되어 있다. 한파가 시작되면 보온재를 이용해 화분 전체를 감싸주어 피해를 예방해야 한다. 손쉽게 이동이 가능한 가볍고 작은 화분은 토양이 얼기 전 큰 화단 또는 화분 채 땅에 심는 것도 좋고, 땅에 심는 것이 불가능한 화분은 난방을 하지 않는 장소로 이동해 찬바람을 막아주는 것이 좋다. 실내에 위치한 화분 장미는 무조건 보온재를 사용하기보다 찬바람이 닿지 않는 창가에서 떨어뜨리고 따뜻한 오후에 환기하는 등 유연한 대처가 필요하다.

상대적으로 노출 부위가 많은 덩굴장미와 스탠다드 장미는 지상 1~1.5m 정도를 보온해주는 것이 좋다. 특히나 내한성이 약한 스탠다드 장미는 대목 부위를 철저히 보온해주어야 무사히 겨울을 날 수 있다.

장미 보온하기

멀칭

멀칭은 식물 재배 시 토양의 표면을 각종 재료를 이용해 덮어주는 작업을 의미한다. 최근에는 화분을 보다 예쁘게 보이기 위해 흙 위로 색색의 돌을 쌓거나 이끼 등으로 덮는 것을 볼 수 있는데 모두 멀칭에 해당한다. 하지만 본래 멀칭은 미적인 목적보다는 토양의 수분 유지, 지온 조절, 잡초 억제, 유충 방지, 침식 방지 등의 목적으로 시행된다. 환경과 계절의 변화에 영향을 많이 받는 실외의 식물들은 멀칭을 실시하는 것이 효과적이다.

● 멀칭의 효과

× **토양의 수분 유지**
여름 고온기의 작열하는 태양과 겨울의 건조한 찬바람은 잎의 증산 작용과 토양의 건조를 가속화한다. 이 시기의 멀칭은 토양의 수분이 급격하게 증발하는 것을 예방한다.

× **지온 조절**
멀칭은 폭염과 한파로 지온이 급격하게 오르내리는 것을 방지한다. 특히 영하의 기온으로 곤두박질치는 초겨울과 꽃샘추위 동안 식물이 냉해를 입지 않도록 도와준다.

※ 잡초와 해충 억제

잡초는 주가 되는 식물이 가져야 할 영양분을 빼앗고 뿌리의 성장을 방해한다. 멀칭은 잡초의 뿌리가 땅속 깊이 내리지 못하게 방해하고 토양에 닿는 해를 가려 잡초가 생장하지 못하도록 막아준다. 또, 벌레의 유충이 생기더라도 멀칭의 두께만큼 토양 깊숙이 침투하는 것을 방지하는 역할도 한다.

※ 침식 및 흑점병 방지

폭우와 강한 수압의 관수는 식물체 주변의 토양을 침식시키는데, 심한 경우 식물의 뿌리가 외부에 노출되는 경우가 있다. 또 흙탕물이 잎에 튀어 흑점병이 발병할 가능성이 높은데, 견고하게 쌓은 멀칭은 이와 같은 피해를 예방하는 데에 도움이 된다.

● 멀칭 재료

멀칭의 재료로는 제한이 없지만 썩으면서 비료의 역할을 하는 유기질 재료와 썩지 않는 무기질 재료로 구분할 수 있다. 유기질의 멀칭 재료에는 소나무, 잣, 호두 등의 껍질을 이용한 바크와 낙엽이 쌓여 퇴적된 부엽토 등이 있고, 무기질의 멀칭 재료로는 자갈, 마사, 천, 비닐 등이 있다. 풍부한 유기물이 필요한 장미에는 가급적 유기질 재료를 사용하는 것을 추천한다.

● 멀칭 방법

멀칭은 연중 시기를 가리지 않고 작업이 가능하다. 가능하면 이른 봄부터 시행하는 것이 좋지만 병과 침식의 방지를 위해 장마 전까지 완료하는 것이 좋다. 먼저 토양의 표면을 갈퀴를 이용해 부드럽게 골라준다. 이때 흙 속 벌레와 잡초는 남김없이 제거한다. 일반적으로 3cm 정도의 멀칭이 무난하지만 그 이상 두께의 멀칭은 수분 유지와 잡초 방지에 더욱 효과적이다. 영하의 온도로 떨어진 이후에는 10cm 이상 두껍게 멀칭하는 것이 지온을 유지시키는 데 도움이 된다. 새 줄기가 나오는 접목 부위가 외부에 노출되어 있다면 언덕 모양으로 더욱 두껍게 쌓아 줄기가 얼지 않도록 보호해준다.

장미의 병해충 관리

풍부한 비료를 먹고 자라 건강하고, 아름다운 꽃과 열매를 만들어내는 장미는 수많은 곤충이 가장 좋아하는 식물이다. 유기물이 풍부한 토양은 토양 내에 서식하는 곤충들의 훌륭한 안식처가 되어주고, 건강한 장미의 줄기와 잎 역시 곤충들의 맛있는 먹이가 된다. 또, 장미는 여러 병에 걸릴 확률이 높은 까다로운 식물이기도 하다. 장미의 병증은 곰팡이에 의한 병, 세균에 의한 병, 바이러스에 의한 병 등 원인과 종류가 다양하기 때문에 병충해로부터 장미를 보호해야 하는 가드너들이 보다 안전하고 건강한 방제 방법을 연구하는 일은 매우 중요하다.

장미와 해충

● 응애

1mm 이하로 매우 작은 크기의 응애는 거미류에 속하는 곤충이다. 주로 고온 건조한 시기에 활발히 활동하며, 장미의 잎 뒷면에 거미줄을 쳐놓고 잎의 영양분을 흡즙한다. 심한 경우 식물이 고사의 위험이 있고 번식이 매우 빠르기 때문에 수시로 잎 뒷면을 확인해야 한다.

장미 잎에 번식한 응애

※ **증상**

잎의 뒷면에 서식하며 잎의 영양분을 빨아먹는다. 응애가 발생하면 잎에 노랗거나 하얀색의 흔적이 생기고 심한 경우 잎이 하얗게 마르며 떨어진다. 초기에는 잎 뒷면에 적은 수의 응애가 기어 다니는 정도지만 심한 경우 거미줄을 치며 나무 전체로 퍼지기 때문에 빠른 처방이 필요하다.

※ **처방법**

늦봄과 여름, 장마가 오기 전 건조한 시기에 크게 발생한다. 특히 통풍이 불량할 경우 극심하게 번창하기 때문에 피해가 발생한 잎은 떼어내고 가지가 너무 무성한 경우 약 전정으로 통풍을 원활하게 해준다. 실외에서는 장마 등으로 번식이 자연스럽게 완화되지만 실내의 경우에는 주기적으로 샤워기로 강하게 샤워를 시키고 수시로 환기를 해주어야 한다. 발생 전과 피해 초기에는 난황유, 마요네즈 농약과 같은 천연농약으로 예방과 방제가 가능하다. 화학농약에는 내성이 강하기 때문에 발생 후 화학적 방제보다는 발생 전 미리 예방할 것을 권한다.

● **진딧물**

응애와 같은 거미류에 해당하는 진딧물은 크기가 0.2mm～1mm 이상으로 응애보다 큰 편이다. 주로 서늘한 기온의 봄가을에 발생해 어린 새잎과 꽃봉오리에 붙어 영양분을 빨아먹는다. 번식이 매우 빠르고 심한 경우 방제가 어려울 정도로 개

장미 줄기에 번식한 진딧물

체 수가 많아지기 때문에 이른 봄부터 예방하는 것이 좋다.

※ 증상

고온기보다 서늘한 기후에서 활발하게 활동하고 새로 나오는 여린 잎과 꽃봉오리에 주로 나타나기 때문에 발견이 쉬운 편이다. 피해가 심한 경우 어린잎이 시들거나 꽃이 피지 않고, 진딧물의 배설물이 잎에 닿아 그을음 병이 발생하기도 한다. 또, 진딧물과 공생하는 개미, 파리 등의 해충이 함께 발생하기 때문에 2차 피해가 발생할 수 있다.

※ 처방법

이른 봄에 가장 피해가 크기 때문에 예방이 중요하다. 필자의 경우 예방을 위해 핑크색 가루형 농약인 '코니도'를 싹이 트기 전에 토양 위로 뿌리고 관수한다. 살포 농약인 동명의 제품과 혼동하지 않도록 주의해야 한다. 가루는 식물체에 직접 닿지 않도록 뿌리는 것이 중요하고 반드시 보호 장갑을 착용한 후 작업해야 한다. 진딧물 발생 시 수가 적을 때엔 난황유, 마요네즈 농약 등을 분무하거나 손으로 으깨듯이 잡는 것이 좋고, 너무 많이 발생한 경우에는 줄기를 자르거나 제충국 등을 이용해 만든 천연 살충제를 뿌리는 것도 효과적이다.

● 깍지벌레

식물의 줄기에 기생하며 영양분을 흡즙하는 깍지벌레는 연중 피해가 발생하지만 특히 건조하고 통풍이 원활하지 않은 환경에서 번창한다. 평소 환경이 너무 건조해지지 않도록 관수에 신경 쓰도록 하자. 깍지벌레는 농약에 대한 내성이 굉장히 강하고, 특히 성충은 갑옷과 같은 외피를 둘러 방제가 매우 어렵기 때문에 알, 또는 유충의 상태일 때에 방제하는 것이 가장 효과적이다.

× 증상

여린 줄기와 잎에 발생하는 진딧물과 달리 목질화 된 줄기도 가리지 않고 기생하기 때문에 발생하면 피해가 클 수밖에 없다. 영양분을 흡즙하는 깍지벌레는 식물체를 약하게 만들어 성장을 방해하고 꽃을 피우지 못하게 한다. 단단한 외피를 가지고 있어 겨울이 오더라도 성충으로 월동한다.

× 처방법

발생 초기에는 식물성 기름, 제충국 등을 이용한 천연농약으로도 효과를 볼 수 있다. 성충의 경우 방제가 어렵기 때문에 수가 많지 않다면 억센 모의 칫솔을 이용해 꼼꼼하게 털어낸 뒤 천연 농약을 뿌리고, 이미 심각한 경우 줄기를 잘라내는 것도 방법이다. 유충은 주로 4월경에 부

장미 줄기에 생긴 깍지벌레

화하기 때문에 방제는 겨울이 가장 적절하고, 장미의 싹이 트기 전 겨울 동안 석회유황합제 등을 10일 간격으로 살포한다.

● 장미등에잎벌

유충과 성충 모두 장미에 큰 피해를 입히
는 해충으로 활동 기간이 매우 긴 것이 특
징이다. 유충의 크기는 2mm 정도이고 연
두색을 띠고 있다. 성충은 8mm 정도로
전체적으로 검정색을 띠지만 배 부분은
노란색이다.

장미등에잎벌 유충에 의한 피해

  ※ 증상

어린 애벌레는 장미의 잎을 갉아먹으며 성장한다. 피해가 심한 경우 잎의 주맥
만 남기고 전부 갉아먹어버린다. 성충의 경우 장미의 줄기에 알을 낳기 때문에
연약한 가지의 경우 고사하거나 부러질 수 있다.

  ※ 처방법

목초액 등을 수시로 살포해 성충의 접근을 방해하고, 알을 낳아 놓은 줄기는 잘
라내거나 바늘 등으로 긁어내어 알을 제거한다. 유충의 경우 한 장소에 몰려 있
는 경우가 대부분이기 때문에 유충이 모여 있는 잎을 제거한 뒤 버리거나 소각
한다. 소각하지 않는 경우 쓰레기를 빨리 처리하지 않으면 쓰레기 안에서도 성
장하기 때문에 가능한 한 빠른 시일 내에 처리해야 한다.

● 풍뎅이

1.5~2cm 정도 크기로 광택이 강한 녹색, 주황색, 보라색 등이 있다. 주로 여름에

활동하며 유충과 성충 모두 장미에 피해를 입힌다.

굼벵이

풍뎅이

※ 증상

풍뎅이의 유충인 굼벵이는 비옥하고 가벼운 토양에서 쉽게 발견된다. 토양 속에 살면서 식물의 뿌리를 갉아먹기 때문에 겉으로 보이는 피해는 크지 않지만 심한 경우 식물체가 고사할 위험이 매우 높다. 특히나 뿌리가 약해지는 여름에는 작은 피해에도 순식간에 식물이 고사할 수 있기 때문에 수시로 토양을 확인해 굼벵이의 유무를 파악해야 한다. 성충인 풍뎅이는 장미의 잎, 꽃봉오리, 개화한 꽃까지 먹어치워 다른 해충에 비해 피해가 눈에 띄는 편이다.

※ 처방법

약에 의한 방제보다는 멀칭을 두껍게 하여 굼벵이가 토양 깊숙이 들어가는 것을 방지하는 것이 좋다. 여름부터 가을까지는 수시로 토양을 5~10cm 정도 파헤쳐 굼벵이의 유무를 파악하고, 성충의 경우 뚜렷한 방제 방법이 없기 때문에 발견 즉시 잡도록 한다. 크기가 큰 편이기 때문에 필자의 경우 손으로 직접 잡기보다 전기 모기채를 사용하고 있다.

● 쐐기나방

국내에 19종 정도가 서식하는 쐐기나방
은 열대지방이 주 서식처이기 때문에 시
기 상으로는 여름에 나타난다. 성충인 나
방보다는 유충에 의한 피해가 크기 때문
에 여름에는 잎 뒷면을 살펴 유충의 유무
를 확인해야 한다.

쐐기나방 애벌레

※ 증상

쐐기나방의 유충은 잎의 뒷면에 붙어 잎을 갉아먹으며 성장한다. 유충의 돌기에
는 독침이 있어 피부에 쏘이면 심한 통증이 따르기 때문에 신체에 닿지 않도록
주의해야 한다.

※ 처방법

평소 목초액 등을 뿌려 성충의 접근을 예방한다. 유충의 경우 한 장소에 몰려 있
는 경우가 대부분이기 때문에 유충이 모여 있는 잎은 제거한 뒤 버리거나 소각
한다.

● 총채벌레

주로 고온 건조한 시기에 발생하는 총채벌레는 2mm가 채 되지 않는 매우 작은 해
충으로 꽃 속에 서식하며 피해를 입힌다. 5월경 잎 조직 내에 산란하기 때문에 발
견이 쉽지 않다.

유충과 성충 모두 잎, 꽃, 열매에 붙어 흡즙하며 피해를 입힌다. 피해를 입은 부위는 갈변하며 시들고 꽃의 경우 개화를 하지 못하기도 한다. 심한 경우 잎과 꽃이 말라 죽기도 한다.

☒ 처방법

크기가 매우 작고 꽃 속에 숨어 사는 특성상 방제에 의한 처리가 어렵고, 농약에 대한 내성이 강하기 때문에 화학농약의 사용보다는 식물성 오일로 만든 천연농약을 사용하거나 성충이 기생하는 꽃을 잘라 처치한다. 피해 식물 주변에 끈끈이 트랩을 설치하는 것도 좋은 방법이다.

● 가위벌

꿀벌과에 속하는 가위벌 중 장미가위벌은 장미의 잎을 오려 모아 집을 짓는 특성이 있다. 늦봄부터 여름 사이에 주로 발견되고 크기는 1~2cm 정도로 작은 편이다.

가위벌이 갉아놓은 장미 잎사귀

☒ 증상

식물의 잎을 정교한 동그라미 모양으로 잘라낸다. 직접적으로 식물체에 피해를 입히지는 않지만 갑자기 너무 많은 잎이 손상되면 과습 등의 2차 피해가 발생할 위험이 있기 때문에 주의해야 한다.

※ 처방법

필자의 경우 별도의 방제를 하지는 않는다. 단, 피해가 심해지지 않도록 목초액 등의 천연 방제약을 수시로 살포해주고 있다.

● 선녀벌레

북아메리카 지역이 본래 서식지로 최근 국내에서도 선녀벌레에 의한 피해가 증가하는 추세다. 성충은 5mm 정도의 작은 크기로 연두색 또는 초록색을 띠는데 몸체의 흰색 가루로 흰색 또는 회색으로 보이는 경우가 있다.

장미 잎사귀에 앉은 선녀벌레

※ 증상

주로 어린잎의 뒷면에 기생해 흡즙하며 식물에 피해를 입힌다. 개체 수가 많아질수록 피해가 커지기 때문에 알을 낳는 시기부터 주의해야 한다. 성충은 9월경에 목질화된 줄기에 산란하고, 5월경 부화한다. 유충은 어린 줄기와 잎에 기생해 흡즙하고, 솜 같은 물질을 분비해 외관상 줄기에 솜털이 붙어 있는 듯이 보이기도 한다.

※ 처방법

9월경에 죽은 줄기나 목질화된 줄기에 한 줄로 알을 낳는데, 알 상태로 월동한다. 겨울 중에 줄기를 살피고 전정 시 죽은 줄기 또는 알이 산란된 줄기는 제거한다. 성충의 경우는 톡톡 튀거나 날면서 매우 빠르게 이동하기 때문에 방제가 어렵다. 수가 적을 때는 손으로 잡거나 *끈끈이* 트랩을 설치하고 식물성 기름으로 만든 천연농약을 살포한다. 단, 피해가 심한 경우 천연 방제가 불가능하기 때문에 화학농약을 살포하는 것이 효과적이다.

| 장미와 병증 |

● 흰가루병

일교차가 크고 습도가 높은 시기 또는 통풍이 불량하고 습하고 그늘진 곳에서 쉽게 발생한다. 실외에서는 주로 봄과 가을과 같은 환절기에 발병하는데, 실내의 경우 한여름을 제외하고 조건이 갖추어지면 수시로 발생할 수 있다.

흰가루병이 발생한 장미 잎사귀

※ 증상

초기에는 원형으로 흰 반점이 나타나다가 증상이 진전되면서 잎과 꽃봉오리가 기형적으로 뒤틀리고 밀가루를 발라놓은 것처럼 보이게 된다. 심한 경우 흰 가루가 떡이 지면서 들러붙어 꽃이 피지 않고 시들게 된다.

※ 처방법

주기적으로 가벼운 전지를 통해 통풍을 원활하게 하고, 토양이 너무 습하거나 건조해지지 않도록 관수에 신경 써야 한다. 발병 시 쉽게 이동이 가능한 화분은 해를 가장 많이 받을 수 있는 위치로 옮기는 것이 좋다. 병증이 약하다면 피해가 있는 잎이나 줄기를 잘라버리거나 소각하고, 식물성 오일 또는 난황유를 이용한 천연농약을 살포한다. 증상이 심하다면 살균제를 5~7일 간격으로 살포한다.

● 흑점병

장미 잎에 검은 반점이 생기는 흑점병은 흰가루병과 함께 장미에게 발생하기 쉬운 병 중 하나다. 토양 속에 숨어 있던 세균이 관수와 비 등으로 잎에 튀어 전염되는 병으로 주로 고온 다습한 여름에 증상이 나타난다. 폭염이 이어지면 세균의 활동도 줄어들어 장마 이후 완화되는 듯 보

흑점병이 발생한 장미 잎사귀

이지만 늦여름과 초가을 사이에 적정 온도에 이르면 더욱 극심하게 창궐하기도 한다. 흑점병은 겨울이 되면 줄기에 숨어 월동하는데 이로 인해 장미의 내한성이 떨어져 혹한기 동안 고사하는 경우도 발생하므로 방제에 특히 신경 써야 한다.

˟ 증상

잎에 작은 검은 반점이 나타나고 시간이 지날수록 반점의 크기가 커진다. 증세가 심해지면 식물체 전체로 번지고 다른 식물에도 빠르게 전염된다. 이후 잎이 점점 노랗게 변하고 마지막엔 갈변해서 떨어진다. 증세가 심한 개체는 성장이 더디고 꽃봉오리를 맺지 못한다.

[※] 처방법

장마가 오기 전 토양 위로 충분히 멀칭을 해준다. 전염이 빠르기 때문에 병증을
보이는 잎은 즉시 떼어버리거나 소각하고 바닥에 떨어진 잎도 깨끗하게 정리해
야 한다. 다습하면 전염이 더욱 빠르기 때문에 발병 시 비료의 엽면시비를 중지
하고 칼륨 비료를 관수해 식물체를 건강하게 만드는 것이 좋다. 증상이 심하지
않다면 식물성 오일과 난황유를 이용한 천연농약을 살포하고, 심한 경우 살균제
를 5~7일 간격으로 살포한다.

● 줄기마름병

겨울에 줄기가 마른다 하여 '동고병胴枯病'
이라고도 불리는 줄기마름병은 장미가
고사할 수 있는 위험한 세균성 질병으로
균이 식물체 내에 기생하여 월동한다. 실
외에서는 기온이 급감하는 늦가을부터
봄까지 발병하고 실내에서는 상황에 따
라 연중 발병하기도 한다. 관수와 빗줄기

바싹 마른 장미 줄기

등으로 인해 줄기의 상처 부위에 균이 들어가 감염되고, 한번 발병하면 치료가 어
렵고 재발이 쉽기 때문에 발견 즉시 빠른 대처가 필요하다.

[※] 증상

줄기의 끝부분이 쪼그라들기 시작해 시간이 지나면서 갈변한다. 말기에는 검정
색에 가깝게 변하며 완전히 말라버린 채 고사한다.

※ 처방법

줄기에 상처가 있거나 굵은 줄기의 전지 후 냉해 및 동해를 입은 경우 발생률이 높다. 내한성이 약한 품종은 보온을 시행하고, 인과 칼리를 기본으로 하는 비료를 주어 뿌리를 강화하고 내한성을 높이는 것이 좋다. 평소 줄기에 상처가 나지 않도록 조심해야 하는데 특히 연필 굵기 이상의 굵은 줄기를 자른 후에는 잘린 부위에 톱신페스트와 같은 살균제를 도포해 2차 감염을 예방하고, 병든 줄기는 즉시 제거 후 폐기해야 한다. 병든 줄기를 자를 때엔 병증이 없는 부분에서 자르는 것이 좋은데 심한 경우 줄기가 시작하는 부분까지 자르기도 한다.

● 불개화 현상

에너지 분배의 오류로 꽃이 필 듯 싹이 나오지만 꽃봉오리가 아닌 잎만 내는 현상으로 '블라인드'라고도 한다. 발병 원인은 정확하게 알려진 것이 없지만 그늘에서 키우는 등의 환경적인 요인이 가장 클 것이라 예상되고 있다.

※ 증상

사계성으로 연중 꽃을 피우는 품종 중 데드 헤딩 후에 꽃봉오리가 나오지 않고 잎만 나오게 된다. 외관상 병증으로 보이지 않는 것이 특징이다.

※ 처방법

꽃이 지고 난 후에는 전정을 하고 비료를 시비한다. 그늘에 약한 품종은 해가 잘 드는 위치로 옮기는 것이 좋다.

● 이중 개화 현상

주로 늦여름에 목격되는 증상으로 이른
가을까지 발생하기도 한다. 겹이 많은 품
종 중 꽃잎이 두껍고 개화 기간이 긴 꽃일
수록 발생률이 높다.

이중 개화한 장미꽃

× 증상

꽃 속에서 다시 꽃 또는 잎이 나타난다. 이중 개화 꽃은 기형적인 모습으로 만개
하고 안쪽에서 나온 꽃봉오리 역시 기형적인 모습으로 개화한다.

× 처방법

전염되거나 식물체에 이상을 일으키는 병증이 아니기 때문에 처방법이 존재하
지는 않는다. 단, 기형적인 꽃이 미관상 보기 좋지 않기 때문에 개화 전에 잘라
내어 새 꽃을 피우도록 유도해준다.

● 꽃 시듦 현상

꽃이 만개하지 못하고 시들어버리는 꽃 시듦 현상은 고온 다습한 시기에 발생한다.
특히 꽃이 습기를 머금은 상태에서 햇빛을 받았을 때에 발생률이 높아진다.

× 증상

꽃봉오리 상태에서 초기 개화 단계까지는 일반적인 개화와 다르지 않지만 일정
단계에서 만개하지 못하고 꽃잎이 갈변하고 습기를 머금은 채 늘어진다. 주로

꽃잎이 얇고 꽃잎 수가 많은 품종에서 발생률이 높다.

처방법

증상을 보이는 꽃은 발견 즉시 잘라 다음 꽃이 피도록 유도하고, 고온 다습한 기후에는 엽면시비 시 비료액이 꽃봉오리에 닿지 않도록 주의한다.

장미 정원에서 사용 중인 방제약

지방이 아닌 서울에서 농약을 구매하는 것은 가드닝을 처음 시작하는 사람에게는 여간 어려운 일이 아니다. 최근에는 천연 농약 및 몇 가지 저독성 농약이 온라인 상에서 판매되기도 하지만 종류가 다양하지 않기 때문에 필요한 제품을 모두 구하기에는 어려움이 따른다. 특히 독성이 강한 화학 농약은 생산자와의 직접 거래를 통해서만 구입이 가능하기 때문에 내가 위치한 지역에서 가까운 판매처를 알아두는 것이 편리하다.

농약과는 거리가 멀 것만 같은 서울 시내에서도 농약을 쉽게 구매할 수 있는 곳이 있다. 바로 광장시장에서 동대문 사이의 종로 대로에서다. 종로 5가 대로를 마주하고 있는 종묘사와 농약사에서는 농약뿐 아니라 가드닝에 필요한 각종 도구와 흙, 비료, 화분, 씨앗 등을 구매할 수 있고, 종로 꽃시장에서는 일반 꽃집에서 구하기 어려운 초화류, 묘목, 다육, 선인장 등을 구할 수 있어 종묘사와 함께 둘러보기에 좋다.

| 화학 방제약품 |

● 톱신페스트

농약의 개념보다는 전지 부위나 상처 부위에 발라 병균이나 빗물이 침투하는 것을 방지하는 연고에 가까운 제품이다. 치약과 같은 튜브형과 캔형 제품으로 판매되는데 가정에서는 대용량으로 사용하지 않기 때문에 튜브형으로 구매하는 것이 좋다. 상처 부위와 전지 부위에 칫솔 또는 붓을 이용해 도포한다. 너무 가는 가지는 제외하고 연필 굵기 이상의 가지 전지 시에 사용한다.

- **코니도**

핑크색의 가루형 제품으로 필자의 경우 진딧물 피해가 극심해질 수 있는 봄에만 한 차례 사용하고 있다. 주로 진딧물을 방제하기 위한 것이지만 장미에 붙어 흡즙해 피해를 유발하는 깍지벌레, 총채벌레 등에도 어느 정도 효과를 볼 수 있다. 단, 애완동물이나 야생동물의 접근이 쉽거나 아기가 있는 곳에서는 사용하지 않는 것이 좋다. 사용 시에는 반드시 장갑을 착용하여 신체에 약품이 닿지 않도록 하고 식물체에 직접적으로 닿지 않게 뿌린 뒤 관수한다.

- **땅사**

토양 속에 서식하며 뿌리에 피해를 주는 굼벵이, 뿌리 파리 등을 방제하기 위한 제품이다. 코니도와 같은 가루형으로 보라색을 띠고 있다. 사용 방법 역시 코니도와 같지만 독성이 매우 강하고 실명 등과 같은 부작용의 위험이 있기 때문에 필자의 경우 피해가 심각하지 않다면 사용을 자제하고 있다.

● 난황유 농약

계란을 이용해 만든 천연농약으로 피해가 있는 부위에 분무하면 진딧물, 응애와 같
은 해충에 효과가 있고 흰가루병과 같은 곰팡이성 병증에도 효과적이다. 너무 자주
사용하거나 기름의 농도가 짙어지면 식물이 숨을 쉬지 못하고 괴사하기 때문에 비
율을 정확히 맞추는 것이 중요하고 사용 후 분무기는 세척 후 보관해야 한다.

  ※ 만드는 방법

  ① 계란 노른자 1개, 식용유 60mL, 물 2L를 준비한다.

  ② 믹서에 계란 노른자와 식용유, 물 100mL를 넣고 3분간 강하게 섞어준다.

  ③ 물 2L에 만들어 놓은 난황유를 넣고 잘 섞어준다.

● 마요네즈 농약

난황유와 거의 동일한 효과를 나타내는 제품으로 난황유에 비해 제조 방법이 간편
하다는 장점이 있다.

  ※ 만드는 방법

  ① 마요네즈 10g과 물 2L를 준비한다.

  ② 믹서에 둘을 넣고 3분간 강하게 섞어준다.

● 목초액 희석액

숯을 만들 때 발생하는 연기가 액화되어 떨어지는 것을 모아 만든 목초액은 강한 냄새로 해충의 접근을 방지해준다. 단 해충을 쫓아내는 정도일 뿐 살충 효과는 없기 때문에 이미 충해 피해가 심한 경우에는 다른 방법을 선택해야 한다. 목초액은 산성을 띠고 있어 사용 후 1~2일 후에는 가급적 물로 씻어내주는 것이 좋다.

※ 만드는 방법

① 목초액과 물, 소주를 준비한다.

② 목초액과 물을 1:500 또는 1:1000의 비율로 섞은 후 소주를 1~2 뚜껑 정도 넣고 섞어준다.

● EM 희석액

효모, 유산균, 광합성 세균 등 80종 이상의 유익한 미생물로 이루어져 있는 EM은 병충해를 입은 부위에 직접적으로 작용하기보다 토양과 식물체의 면역력을 높여 병충해를 이겨낼 수 있는 힘을 기르도록 도와주는 역할을 한다. 원액을 그대로 사용하기보다 활성액을 만들어 효과를 증대시키는 것을 추천한다.

※ 만드는 방법

① 쌀뜨물 1.5L, EM 원액, 설탕, 굵은 소금 그리고 2L 용량의 페트병을 준비한다.

② 쌀뜨물과 EM 원액 1뚜껑, 설탕 3뚜껑, 굵은 소금 1티스푼을 준비한 페트병에 넣고 섞어준다.

③ 페트병 뚜껑을 잘 닫은 뒤 서늘하고 그늘진 장소에 보관한다.

④ 발효가 진행되면 팽창하기 때문에 활성액을 가득 담을 경우 병이 터질 수 있다. 활성액을 너무 많이 담지 않도록 주의하자.

⑤ 보관 5~6일 후에는 뚜껑을 살짝 열어 가스를 빼내고 다시 닫은 뒤 어둡고 서늘한 곳에 보관한다.

⑥ 제조 후 10~15일이 지나면 뚜껑을 열어 악취가 나는지 새콤한 사과 식초 향이 나는지 확인한다. 악취가 난다면 폐기하고 1번부터 다시 시행한다.

⑦ 완성된 활성액은 물에 500~1000배 희석 후 7~14일 간격으로 살포하거나 관수한다.

장미의
시기별 관리

·

장미 관리의 기본

봄 / 여름 / 가을 / 겨울

장미 관리의 기본

봄부터 가을까지, 지역과 장소에 따라서는 겨울까지도 꽃을 피우는 장미는 가드너의 끊임없는 관심과 노력을 필요로 한다. 유전적으로 개화성이 뛰어난 품종이더라도 가드너의 손이 얼마나 닿았는지에 따라 다른 결과를 보여주기 때문에 장미를 키우기란 쉽지 않다. 특히 장미를 처음 키우거나 가드닝 자체를 처음 해보는 초보자는 장미의 아름다움만을 생각하고 도전했다가 고난을 겪거나 실망만 안게 되기 십상이다. 다음으로 소개할 월별 장미 관리법은 장미 가드닝의 가장 기본적인 사항들로 장미 가드너라면 숙지해놓는 것이 좋다. 하지만 지역과 자연환경, 품종 등에 따라 동일하게 적용되지 않고, 특히 실내에서 키우는 장미의 경우 계절에 크게 영향을 받지 않기 때문에 소개한 관리법을 무조건 따라 하기보다 각자의 환경에 맞는 나만의 관리법을 찾는 것이 중요하다.

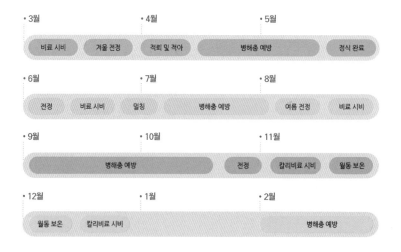

치치의 사계절 장미 정원

봄

- ## 3월

얼어붙었던 땅이 녹고, 목질화되어 죽은 나무 막대 같던 줄기에도 빨갛게 눈이 부풀어 오르기 시작하는 봄이다. 눈이 트기 시작하면 봄을 대비한 작업을 시행하는데, 최근 기후변화로 인한 한파와 꽃샘추위로 동해 피해가 심하기 때문에 가능하면 꽃샘추위가 모두 물러간 후 시작하는 것이 안전하다.

  ※ 꽃샘추위가 끝나고 토양이 완전히 녹으면 겨우내 보온을 위해 덮었던 멀칭재를 제거하고 비료를 시비한다. 병해충이 멀칭재 안에서 월동했을 가능성이 있기 때문에 오래된 재료는 폐기하거나 소각하고, 재사용이 가능한 멀칭재는 넓은 공간에 펼쳐 햇빛에 건조시킨 뒤 재사용한다. 겨우내 척박해진 표면의 토양은 새 흙으로 갈아주고 칼리비료를 섞은 물로 충분히 관수한다.

  ※ 동해 예방과 각종 병해충을 예방하기 위한 목적으로 장미의 눈이 부풀어 오르기 전까지 석회유황합제를 살포한다.

  ※ 겨울 전정을 실시한다. 전정 후에 줄기에 붙어 있는 마른 잎은 모두 제거하고 바닥에 떨어진 잎도 깨끗이 청소해준다. 겨울 전정 이후 추위로 줄기 끝부분이 상한 경우에는 건강한 눈 위에서 다시 한 번 잘라준다.

※ 이른 봄부터 활동하여 어린잎과 꽃봉오리에 큰 피해를 주는 진딧물 방제를 위해 코니도 입제를 토양 위로 뿌린 뒤 관수한다.

※ 손에 잡힐 정도로 싹이 올라오면 같은 자리에서 두 개 이상 나오는 싹은 가장 크고 건강한 한 개만 남기고 떼어버린다. 이 작업은 에너지의 분산을 방지하여 더욱 건강한 가지를 생성하고 탐스러운 꽃이 피도록 도와주기 위한 것으로 꼭 필요한 과정이다.

● 4월

길었던 추위가 완전히 물러가고 본격적으로 잎이 나오기 시작한다. 봄 만개를 앞둔 시기인 만큼 개화를 방해하는 병충해 예방에 더욱 신경 써야 한다. 또, 기상이변으로 겨울 추위가 계속되거나 반대로 더위가 일찍 찾아올 수 있는 변수가 가장 높은 시기이기 때문에 어느 시기보다 기상 변화에 민감한 대처가 필요하다.

※ 어리고 연한 새싹과 꽃봉오리 주변으로 진딧물이 발생하기 시작한다. 이른 봄에 예방을 했다면 피해가 크지 않겠지만, 피해가 심한 경우 진딧물에 피해 입은 부위를 잘라내고 살충제를 5~7일 간격으로 살포해준다.

※ 일교차가 크고 습한 환경에서는 흰가루병이 발생하기 쉽다. 이동이 간편한 화분은 해가 잘 드는 위치로 옮겨주고, 피해가 심각한 경우 전정 후 5~7일 간격으로 방제한다.

치치의 사계절 장미 정원

※ 잎이 나기 시작하고 꽃봉오리가 맺힌다. 개화 전까지 2주 간격으로 액체 비료를 엽면시비한다. 습기가 오래 머무르지 않도록 해가 뜨기 전 시행해 빠르게 마를 수 있도록 하자.

※ 성장과 개화 준비로 에너지 소비가 가장 많은 4월은 물 주기에 특히 신경 써야 한다. 토양이 너무 건조해지지 않게 주의하며 겉흙이 마른 뒤 해가 뜨기 전이나 이른 아침에 관수한다. 이때 성장과 개화를 촉진시키는 액체 비료를 물과 희석해 주기적으로 관수하는 것도 좋은 방법이다.

● 5월

장미의 계절이다. 그동안의 노고를 보상받고 만개한 장미를 충분히 즐기는 것도 좋지만 관리에 소홀함이 없어야 하는 시기이기도 하다. 특히 기상이변으로 5월부터 더위가 시작되기 때문에 관수를 소홀히 해서는 안 된다

※ 온도가 올라 토양이 쉽게 건조해진다. 적은 양을 자주 주기보다 겉흙이 마르면 충분히 관수한다. 특히 개화 직전에는 관수 여부에 따라 꽃이 필 수도 있고, 피지 못하고 시들 수도 있기 때문에 물 부족으로 꽃봉오리가 고개를 숙이는 일이 없도록 주의하자.

※ 꽃봉오리가 성장하면서 꽃잎 색이 보이기 시작하면 엽면시비를 중단한다 액체 비료가 닿은 꽃잎은 개화 시 갈변하여 품질이 떨어질 수 있다.

※ 작은 꽃이 피는 플로리분다, 분사형Spray 장미 등을 제외한 품종들은 꽃의 품질을 높이기 위해 꽃봉오리의 수를 줄여준다. 한자리에 난 두 개 이상의 꽃봉오리는 가장 크고 건강한 개체를 제외한 나머지를 손으로 떼어내자. 꽃봉오리의 수를 제한한 장미는 보다 크고 아름다운 화형의 꽃을 피울 수 있다.

※ 장미는 연중 식재가 가능하지만 추위와 더위에 해를 입지 않고 겨울 전까지 무사히 성장할 수 있게 하기 위해서는 5월까지 분갈이 또는 정식을 완료하는 것이 바람직하다.

치치의 사계절 장미 정원

여름

● 6월

6월은 5월 만개에 온 에너지를 쏟아낸 장미들이 꽃 피는 것을 멈추고 잠시 쉬어 가는 휴식기다. 개화 시기가 늦은 품종은 이 시기에 개화하기도 하지만 대부분의 품종은 다음 꽃을 대비해 재정비해주는 것이 좋다.

  ※ 만개 이후에는 가볍게 전정을 실시한다. 기온이 급상승하고 바람이 잦아들면서 응애가 창궐하기 쉽기 때문에 통풍을 방해하는 가지는 과감히 쳐내고 키 작은 장미의 경우 전체적인 높이를 맞추어 잘라준다.

  ※ 꽃을 피우고 새잎을 내느라 에너지를 소진한 장미를 위해 웃거름을 시비한다. 반드시 완전히 발효가 끝난 제품을 사용해야 하고, 퇴비가 식물체에 직접 닿으면 상할 수 있기 때문에 화분의 경우 가장자리를 따라 뿌린다. 땅의 경우 장미와 20cm 이상 떨어진 곳 주위로 10cm 정도 흙을 파내어 비료를 넣고 다시 흙을 덮은 뒤 관수한다.

  ※ 시비 후 멀칭을 한다. 장마가 오기 전 멀칭은 잡초 성장과 흑점병을 방지하는 역할을 하고, 특히 여름에 생기기 쉬운 굼벵이 피해를 어느 정도 예방 가능하다.

※ 꽃이 모두 지고 없다면 엽면시비를 다시 시작한다. 아침과 저녁의 기온이 선선한 6월 초까지는 이른 아침에 시행하고 더위가 시작된 후에는 해가 진 후에 시행하여 약 때문에 발생하는 피해를 방지한다.

● 7월

본격적으로 여름 더위가 시작되는 시기다. 더위와 함께 장마가 찾아오면서 과습이 생기기 쉽고 장마 이후 충해와 함께 흑점병의 피해가 클 수 있기 때문에 이에 대한 대비가 필요하다.

※ 온도가 올라가면서 잎이 더욱 무성해지고, 6월에 준 웃거름의 영향으로 지표면에서 굵고 튼튼한 도장지들이 나오기 시작한다. 도장지는 에너지 소비가 많고 방치할 경우 키만 키우고 꽃을 피우지 않기 때문에 이미 전체적인 수형이 균형 잡힌 장미라면 도장지가 나오기 시작할 때쯤 성장하지 못하도록 밑동에서 잘라내는 것이 좋다. 수형이 좋지 않고 가늘고 연약한 가지만 있는 경우 도장지가 30cm 정도 성장했을 때 줄기의 끝을 잘라 무의미한 성장을 막고 꽃이 피는 새 가지가 분화되도록 해야 한다.

※ 장마가 오기 전까지 병충해의 피해가 줄어든다. 앞으로 발생할 병충해 피해에 대비해 주기적인 엽면시비로 장미를 건강하고 풍성하게 키우도록 한다. 장마가 끝나면 그동안 눈에 띄지 않던 해충들이 기하급수적으로 늘어나고, 고온 다습한 환경이 지속되면서 흑점병이 창궐해 심한 경우 꽃을 피우지 못

하기도 한다. 장마가 그친 뒤에는 난황유, 마요네즈 농약 또는 살균 농약을 꾸준히 살포하여 병충해를 예방한다.

* 장마가 끝난 후에는 액체비료의 엽면시비와 관수를 주기적으로 실시해 비로 인해 유실된 비료를 보충한다. 단 장마 후 흑점병이 발병되었다면 엽면시비 는 중단하고 관수로만 시비를 실시해야 한다. 화분의 경우 액체비료만으로는 유실된 영양분을 보충하기 어렵기 때문에 웃거름을 소량 시비하거나 알비료 등을 얹어주는 것도 좋은 방법이다.

● 8월

해의 길이가 가장 길고 높아지면서 폭염과 열대야로 인한 피해가 발생하기 쉬운 시 기다. 화분 장미가 땅에 심은 장미에 비해 상대적으로 피해 발생률이 높고, 화분 중 에서도 플라스틱, 고무 등의 소재가 피해가 크기 때문에 주의가 필요하다.

* 한여름의 강한 햇빛으로 잎이 타는 경우가 발생한다. 건강한 장미라면 큰 문 제가 되지 않지만 피해가 심하다면 차광막을 설치하는 것도 좋고, 화분의 경 우 오후의 해를 피할 수 있는 장소로 옮기는 것도 좋은 방법이다.

* 연중 물 관리에 가장 많은 시간을 할애해야 하는 시기다. 겉흙이 채 마르지 않아 보이더라도 꽃과 꽃봉오리가 처진다면 관수를 해야 한다. 물 마름이 심 한 토분 또는 배수가 뛰어나 건조가 빠른 토양은 하루 2회 이상의 관수가 필

요하기도 하다. 단, 폭염과 열대야가 길어지면 식물이 광합성을 하지 않아 물을 많이 필요로 하지 않기 때문에 자칫 과습이 발생할 수 있다. 무조건적인 관수보다는 현재 정원의 기후와 환경에 따른 적절한 대응이 필요하다.

※ 극단적인 고온기인 8월에는 병으로 인한 피해가 크게 줄어든다. 단, 이 시기부터 풍뎅이와 나방의 활동이 활발해지면서 굼벵이 등의 애벌레로 인한 피해가 증가한다. 쐐기나방의 애벌레는 피부에 닿을 경우 심한 통증을 유발하기 때문에 신체에 닿지 않도록 주의하고, 굼벵이의 경우 뿌리를 갉아먹어 식물체가 고사하는 경우가 있으므로 수시로 토양을 확인하여 굼벵이의 유무를 파악해 제거한다.

※ 가을에 피어날 장미를 위해 여름 전정을 실시한다. 겨울 전정에 비해 약한 전정에 해당하고 일반적으로 현재 높이의 2/3 정도 높이로 잘라준다. 혹서기의 꽃은 화형과 크기가 좋지 않으므로 과감하게 포기하고 전정을 한다면 가을에 더욱 탐스럽고 많은 장미를 볼 수 있다.

※ 전정 후 퇴비를 충분히 뿌려준다. 고온기에 발효가 완료되지 않은 비료 사용은 열을 발생시키고 해충의 번식처가 되기 때문에 반드시 발효가 완료된 제품을 사용하도록 한다.

※ 엽면시비는 흑점병을 유발할 수 있기 때문에 자제하고, 고온에 약해진 뿌리를 위해 칼리 성분의 비료를 주기적으로 관수한다.

가을

봄 이후 다시 한 번 아름다운 장미가 개화하는 시기이다. 봄의 만개에 비하면 꽃의 수는 적지만 꽃 한 송이의 크기가 크고 화형이 아름답다. 또, 기온이 점차 낮아지고 해의 길이가 짧아지면서 꽃이 피어 있는 시간이 길어져 오랜 시간 꽃을 감상할 수 있다.

● 9월

최근 기상이변으로 9월까지 폭염이 이어지는 경우가 생기고 있다. 가을 장미가 피기 전 중요한 시기이기 때문에 관수와 병충해 피해에 특히 주의해야 한다.

　※ 기온이 내려가 안정적인 기온이 유지되면서 잠시 멈춰 있던 병충해가 폭발적으로 재발하기 시작한다. 통풍이 불량하고 그늘진 장소에서는 흰가루병에 대한 꾸준한 방제를 시행하고 병해충이 발생한 잎은 즉시 폐기하도록 한다. 전반적으로 흑점병이 매우 심각하게 창궐하고 애벌레의 피해가 급증하기도 한다. 병충해로 인한 잎 소실이 크기 때문에 이 시기 전까지 건강하고 풍성한 상태의 장미를 만드는 것이 중요하다.

　※ 기상이변의 영향으로 이 시기는 해마다 기후가 다르고 지역에 따라서도 큰 차이를 나타내기 때문에 정해진 방법을 따르기보다는 내 정원 환경에 맞추어

유연하게 대처하는 것이 바람직하다.

• 10월

빠르면 10월부터 가을 장미가 만끽하기 시작한다. 아름다운 장미 정원을 만끽하기 좋은 시기이지만 다가올 겨울을 대비해야 하는 시기이기도 하다.

※ 봄에 비해 꽃봉오리 상태가 오래 지속된다. 오랜 시간 힘을 비축한 봉오리는 더욱 탐스럽고 완벽한 화형의 꽃으로 보답하기 때문에 꽃이 천천히 피는 것을 기다리며 너무 초초해하지 않도록 하자. 단, 각종 애벌레들로부터 꽃과 이파리가 공격받기 때문에 수시로 꽃봉오리 주위를 살펴 벌레를 잡아주는 것이 중요하다.

※ 플로리분다 또는 분사형 장미가 아니라면 곁봉오리는 제거한다. 꽃의 수는 적지만 어느 시기보다 크고 아름다운 꽃을 감상할 수 있는 방법이다.

※ 개화가 가까워지면 엽면시비를 중단하고 관수 시비를 한다. 또 꽃이 필 때까지 흙이 너무 건조해지지 않도록 주의한다.

※ 비 소식이 많지 않다면 멀칭재를 걷어낸다. 곰팡이가 피거나 오래된 것은 폐기하고 재사용이 가능한 재료는 햇빛에 건조시킨 후 보관하자.

● 11월

일 년 중 마지막으로 장미가 꽃을 피우는 시기이다. 겨울이 빠른 지역에서는 꽃에 집착하기보다 무사히 겨울을 날 수 있도록 월동 준비에 신경 써야 한다.

* 개화가 천천히 진행되기 때문에 만개까지의 과정을 여유롭게 즐길 수 있다. 이 시기에 핀 꽃은 꽃잎이 떨어지더라도 데드 헤딩을 하지 않는 것이 좋다. 겨울 전에 맺힌 열매는 장미의 내한성을 강하게 만들기 때문에 열매가 달리기 어려운 겹꽃의 경우 붓을 이용해 인위적으로 열매를 맺게 하기도 한다.

* 지면 가까이에서 나오는 어린 줄기는 냉해와 동해 피해에 약하므로 사전에 제거하고, 한파가 시작되기 전까지 보온을 위한 가벼운 전정을 실시하자.

* 추위가 시작되면 병증이 있는 잎을 정리 폐기하고 토양 위를 깨끗하게 청소한다. 겨울 전의 질소비료는 냉해를 발생시키기 때문에 사용을 자제하고, 내한성을 키우는 인산과 칼리비료를 시비한다. 토양이 얼기 전까지는 주기적으로 칼리비료를 관수 시비하여 뿌리가 강해지도록 돕는다.

겨울

겨울이 찾아오면 화려했던 장미 정원은 사라지고 앞으로 수개월 동안 꽃을 보지 못하는 아쉬움만이 남는다. 하지만 다음 해에 또 아름다운 정원을 만나기 위해서는 이 시기를 어떻게 보내는가가 매우 중요하다. 내한성이 약한 품종과 화분 장미는 보온을 철저히 하고, 겨울 전정을 통해 다음 봄을 준비하자.

● 12~1월

기온이 영하로 떨어지면서 본격적인 겨울이 시작된다. 장미는 기본적으로 월동이 가능한 식물이기 때문에 너무 서둘러 보온을 해주기보다 추위를 충분히 겪을 수 있도록 둔다.

※ 보온을 위한 멀칭을 시행한다. 멀칭 전 흙을 언덕 모양으로 10~20cm 정도 돋은 후 멀칭재를 덮어준다. 멀칭재는 보온이 목적이기 때문에 10cm 이상 넉넉하게 쌓아주는 것이 안전하다.

※ 기온이 영하로 떨어지면 장미 화분 둘레를 보온한다. 어린 묘목 또는 작은 플라스틱 화분 등은 동사의 위험이 있기 때문에 영상의 기온이 유지되는 낮 동안에는 해를 볼 수 있는 장소에 두고, 해가 지고 나면 찬바람을 막을 수 있고

난방을 하지 않는 장소로 옮겨주기를 반복하는 것이 좋다.

※ 오후의 기온이 영하로 떨어지는 한파가 시작되면 내한성이 약한 품종과 스탠다드 장미의 둘레를 보온해준다. 주의할 점은 비닐 등과 같이 통풍이 되지 않는 보온재는 사용 시 내부 습기로 인해 냉해 피해가 증가하고, 곰팡이성 세균이 번식하기 쉽기 때문에 사용을 자제해야 한다.

● 2월

겨울의 끝자락이다. 다가올 봄을 위한 준비가 필요한 시기다. 제주와 남부의 경우 중북부에 비해 봄소식이 빠르기 때문에 지역에 따라 2월부터 시비와 전정을 시행하기도 한다. 겨우내 토양과 장미 줄기에 기생하고 있을지 모르는 병해충을 방제하기 위해 천연 재료인 석회유황합제를 사용한다. 최근에는 사용 방법이 불편한 석회유황합제를 대체하는 제품들이 나와 있어 보다 편리하고 안전한 사용이 가능해졌다. 7~10일 간격으로 꾸준히 방제한다.

기온이 영상으로 오르는 날이면 동해 피해를 예방할 수 있는 칼리비료를 희석해 관수한다. 극심한 가뭄이 아닌 이상 인위적인 관수가 필요하지는 않기 때문에 1회 정도 시행하는 것이 좋다.

최근 가드닝에 대한 관심이 높아지면서 국내에도 세계 여러 브랜드의 정원 장미들이 수입되고 있다. 장미 선택 폭이 넓어진 것은 좋은데, 수많은 장미 중 자신의 취향에 맞는 꽃과 향기 그리고 정원 환경에 맞는 품종을 찾는 일은 쉽지 않다. 3부에서는 필자가 5년 동안 장미 정원을 가꾸며 2년 이상 키운 86가지 장미 품종의 성격과 특성을 컬러별로 간단하게나마 정리해 소개했다. 개인적인 경험을 바탕으로 한 결과라 모든 환경에 다 적용할 수 있다고 말하기는 힘들지만 자기 환경에서 어떤 장미를 선택해야 할지 혼란스러운 사람들에게 길잡이가 되었으면 한다.

3부

치치의 장미 정원에
핀 장미들

벤저민 브리튼 BENJAMIN BRITTEN (AUSencart *)

육종 회사: 데이비드 오스틴(영국)

육종 연도: 2001년

품종 안내: 유명한 영국 작곡가이자 지휘자, 연주자였던 '벤저민 브리튼'을 기리기 위해 이름 지어진 이 장미는 개화 초기에는 다홍빛 붉은색을 띠었다가 개화 후기로 갈수록 은빛이 감도는 자주빛 빨강으로 변한다. 직립형으로 성장이 왕성하고 낮은 덩굴장미로 키우는 것이 가능하다.

품종 분류: 관목, 덩굴   **키**: 130cm 이상

용도: 장미 울타리, 혼합 화단, 장미 화단, 화분 (지름, 높이 50cm 이상)

식재 장소: 양지, 동 / 서 / 남향   **향기**: 은은한 과일 향

향기 강도: ★★★☆☆   **내한성**: ★★★★☆   **내병성**: ★★★★☆

연속 개화력: ★★★★☆   **반복 개화력**: ★★☆☆☆

수형

* 벤저민 브리튼은 판매용 이름이고, AUSencart는 품종 등록 시 사용되는 정식 명칭이다.

폴스태프FALSTAFF(AUSverse)

육종 회사: 데이비드 오스틴

육종 연도: 1999년

품종 안내: 윌리엄 셰익스피어의 작품에 등장하는 인물의 이름을 딴 장미로, 개화 초기에는 보라빛이 감도는 흑적색을 띠나 개화 후기로 갈수록 진한 자주색으로 변한다. 수많은 꽃잎과 큰 꽃은 먼 거리에서도 눈에 띄게 아름답고, 강한 올드 로즈의 향기를 지니고 있다. 거대하게 성장하는 품종으로 덩굴장미로 키우는 것이 가능하고 키 작은 장미로 키울 경우 여름 전정이 필요하다.

품종 분류: 관목, 덩굴   **키**: 120cm 이상

용도: 혼합 화단, 장미 화단, 화분(지름, 높이 50cm 이상)

식재 장소: 양지, 동 / 서 / 남향   **향기**: 올드 로즈 향

향기 강도: ★★★★☆ **내한성**: ★★★☆☆ **내병성**: ★★★☆☆

연속 개화력: ★★★★☆ **반복 개화력**: ★★★☆☆

테스 오브 더 더버빌스 TESS OF THE D'URBERVILLES (AUSmove)

육종 회사: 데이비드 오스틴

육종 연도: 1998년

품종 안내: 토머스 하디의 소설 《더버빌가의 테스》의 주인공에게서 이름을 따온 장미로, 소설 속 주인공을 연상케 하는 아름다운 화형과 강렬한 색을 지녔다. 탐스럽고 형광에 가까운 빨간색은 존재감이 강렬하고, 정원을 돋보이게 만드는 힘이 있다. 거대하게 성장하는 품종으로 성장이 매우 왕성하여 덩굴장미로 키우는 것이 가능하고 키 작은 장미로 키울 경우 여름 전정이 필요하다.

품종 분류: 관목, 덩굴   **키**: 120cm 이상

용도: 벽 또는 펜스, 출입구, 오벨리스크, 아치, 화분(지름, 높이 50cm 이상)

식재 장소: 양지, 동 / 서 / 남향   **향기**: 올드 로즈 향

향기 강도: ★★☆☆☆   **내한성**: ★★★★☆   **내병성**: ★★★☆☆

연속 개화력: ★★★★★   **반복 개화력**: ★★☆☆☆

다시 버셀 DARCEY BUSSELL (AUSdecorum)

육종 회사 : 데이비드 오스틴

육종 연도 : 2006년

품종 안내 : 어린 나이에 영국 왕립발레단의 교장으로 임명되어 전 세계 수많은 무대를 주름잡았던 '다시 버셀'의 이름을 딴 장미로, 고급스러운 흑자줏빛을 띠고 봄부터 서리가 내리기 전까지 끊임없이 반복 개화하는 품종이다. 개화 초기에 중심의 로제트 둘레로 원형 고리 모양을 형성하는 것이 이 품종만의 독특한 매력 포인트다. 횡장성의 키 작은 장미로 수형 관리가 편리하다는 장점이 있다.

품종 분류 : 관목 **키 :** 120cm 이상

용도 : 장미 울타리, 혼합 화단, 장미 화단, 좁은 공간, 화분(지름, 높이 50cm 이상)

식재 장소 : 양지, 동 / 서 / 남향 **향기 :** 가벼운 과일 향

향기 강도 : ★★★☆☆ **내한성 :** ★★★★★ **내병성 :** ★★★★☆

연속 개화력 : ★★★★☆ **반복 개화력 :** ★★★★★

윌리엄 셰익스피어 2000 WILLIAM SHAKESPEARE 2000 (AUSromeo)

육종 회사: 데이비드 오스틴

육종 연도: 2000년

품종 안내: 영국 최고의 극작가 윌리엄 셰익스피어의 이름을 딴 흑자주색 장미로, 고온의 상태에서는 밝은 자주색을 띤다. 만개 시 큰 접시 형태의 쿼터 로제트 화형을 보이기도 하지만 대체로 꽃잎의 방향이 불규칙한 편이다. 건조한 토양과 기후를 선호하기 때문에 과습에 주의해야 하고 내한성이 다소 약하므로 겨울 보온에 신경 써야 한다.

품종 분류: 관목   키: 100cm 이하

용도: 장미 울타리, 혼합 화단, 장미 화단, 좁은 공간, 화분(지름. 높이 30cm 이상)

식재 장소: 양지, 그늘, 반그늘, 동 / 서 / 남 / 북향

향기: 레몬 향이 감도는 강한 올드 로즈 향

향기 강도: ★★★★☆   내한성: ★★☆☆☆   내병성: ★★☆☆☆

연속 개화력: ★★★☆☆   반복 개화력: ★★★☆☆

먼스테드 우드MUNSTEAD WOOD(AUSbernard)

육종 회사: 데이비드 오스틴

육종 연도: 2007년

품종 안내: 데이비드 오스틴 육종의 붉은 장미 중 가장 어두운 색을 띠는 장미로 꽃잎이 벨벳 원단 같은 특유의 질감을 지니고 있다. 키가 작은 품종으로 작은 정원과 화분에서 키우는 것이 가능하지만 줄기가 유연하기 때문에 식재와 동시에 지지대를 설치해주어야 관리가 편하다. 블랙베리와 블루베리, 자두 향을 섞은 듯한 맛 좋은 강렬한 과일 향이 특징이고, 붉은색의 어린잎이 녹색의 잎과 어울려 또 다른 아름다움을 선사한다.

품종 분류: 관목   **키:** 100cm 이하

용도: 장미 울타리, 혼합 화단, 장미 화단, 좁은 공간, 화분(지름, 높이 30cm 이상)

식재 장소: 양지, 동 / 서 / 남향   **향기:** 레몬 향이 감도는 강한 올드 로즈 향

향기 강도: ★★★★★ **내한성:** ★★★★☆ **내병성:** ★★★★☆

연속 개화력: ★★★★☆ **반복 개화력:** ★★★★☆

탬 오샌터 TAM O'SHANTER (AUScerise)

육종 회사 : 데이비드 오스틴

육종 연도 : 2009년

품종 안내 : 영국 시인 로버트 번스 Robert Burns 탄생 250주년을 기념하기 위해 그의 시에서 이름을 따온 장미로, 울창하고 유연한 줄기에 꽃이 하늘거리며 피어 있는 모습이 매력적이다. 느슨한 로제트 화형이 기본이지만 여름에는 5장의 홑잎으로 꽃이 피기도 한다.

품종 분류 : 관목   **키 :** 130cm 이하

용도 : 혼합 화단, 장미 화단, 화분(지름, 높이 30cm 이상)

식재 장소 : 양지, 그늘, 반그늘, 동 / 서 / 남 / 북향   **향기 :** 가벼운 과일 향

향기 강도 : ★☆☆☆☆   **내한성 :** ★★★☆☆   **내병성 :** ★★★☆☆

연속 개화력 : ★★★☆☆   **반복 개화력 :** ★★★☆☆

히스클리프Heathcliff(AUSnipper)

육종 회사: 데이비드 오스틴

육종 연도: 2012년

품종 안내: 컵 모양의 올드 로즈 화형을 지닌 아름다운 품종으로, 짙은 자주색을 띤다. 직립형의 키 작은 장미로 수형 관리가 편리하지만 가시가 많아 관리 시 주의가 필요하다.

품종 분류: 관목　**키:** 130cm 이하

용도: 혼합 화단, 장미 화단, 화분(지름, 높이 30cm 이상)

식재 장소: 양지, 동 / 서 / 남향

향기: 부드러운 과일 향

향기 강도: ★★★☆☆　**내한성:** ★★★☆☆　**내병성:** ★★★☆☆

연속 개화력: ★★☆☆☆　**반복 개화력:** ★★☆☆☆

L. D. 브레이스웨이트 L. D. BRAITHWAITE(AUScrim)

육종 회사 : 데이비드 오스틴
육종 연도 : 1988년
품종 안내 : 데이비드 오스틴 사의 붉은 장미 중 가장 화사하고 밝은 적색의 꽃이다. 꽃잎이 느슨한 컵 모양의 꽃은 만개 시 접시 형태로 납작해진다. 키가 작게 유지되기 때문에 화단의 앞쪽에 심거나 화분에서 키우기 적합하다.

품종 분류: 관목   **키:** 120cm 이하
용도: 혼합 화단, 장미 화단, 화분(지름, 높이 30cm 이상)
식재 장소: 양지, 반그늘, 동 / 서 / 남향
향기: 가벼운 올드 로즈 향
향기 강도: ★★★☆☆   **내한성:** ★★★☆☆   **내병성:** ★★★☆☆
연속 개화력: ★★★☆☆   **반복 개화력:** ★★★☆☆

윈쇼튼 WINSCHOTEN(MEIfani)

육종 회사 : 메이앙(프랑스)

육종 연도 : 1999년

품종 안내 : 중심이 높은 로제트 화형으로 10cm 이상의 붉은 꽃이 매력적이다. 관목에 속하지만 큰 꽃의 특징을 살려 하이브리드 티 장미와 같이 관리하면 더욱 탐스러운 꽃을 피울 수 있다.

품종 분류 : 관목   **키** : 120cm 이하

용도 : 혼합 화단, 장미 화단, 화분(지름, 높이 30cm 이상)

식재 장소 : 양지, 반그늘, 동 / 서 / 남향   **향기** : 쌀쌀한 모던 로즈 향

향기 강도 : ★★★☆☆   **내한성** : ★★★☆☆   **내병성** : ★★★★☆

연속 개화력 : ★★★☆☆   **반복 개화력** : ★★★☆☆

다이너마이트DYNAMITE(JACsat)

육종 회사: 베어 그릭 가든스Bear Creek Gardens(미국)

육종 연도: 1992년

품종 안내: 항아리 화형의 다홍빛 붉은색 장미로, 덩굴장미로는 개화성이 우수한 편이다. 성장이 빠르고 매우 크게 자라는 특징이 있어 벽 또는 장미가 필요한 넓은 장소에 심기 적합하다. 장마철 이후 흑점병 발병에 유의해야 한다.

품종 분류: 덩굴　**키**: 150cm 이상

용도: 벽 또는 펜스, 출입구, 오벨리스크, 아치, 화분(지름, 높이 50cm 이상)

식재 장소: 양지, 동 / 서 / 남향　**향기**: 레몬 향

향기 강도: ★★★☆☆　**내한성**: ★★★★☆　**내병성**: ★★★☆☆

연속 개화력: ★★★☆☆　**반복 개화력**: ★★★★☆

함부르크 포에닉스HAMBURG PHOENIX

육종 회사 : 코르데스Kordes(독일)

육종 연도 : 1954년

품종 안내 : 매우 밝고 화사한 붉은색 장미다. 다화성 품종으로 봄 만개 시 줄기와 잎이 보이지 않을 정도로 무수히 많은 꽃이 피는 것이 특징이고, 매우 거대하게 성장하는 덩굴장미이기 때문에 광범위한 공간을 꾸미기에 적합하다.

품종 분류 : 덩굴 **키** : 200cm 이상

용도 : 벽 또는 펜스, 출입구, 오벨리스크, 아치, 화분(지름, 높이 50cm 이상)

식재 장소 : 양지, 동 / 서 / 남향 **향기** : 미약한 장미 향

향기 강도 : ★☆☆☆☆ **내한성** : ★★★★☆ **내병성** : ★★★★☆

연속 개화력 : ★★★★★ **반복 개화력** : ★★★☆☆

루주 피에르 드 롱사르ROUGE PIERRE DE RONSARD / 레드 에덴RED EDEN(MEIdrason)

육종 회사 : 메이앙

육종 연도 : 2004년

품종 안내 : 진한 자주빛의 동그란 화형이 매혹적이면서 귀여운 이미지를 선사한다. 직립형 덩굴장미로 아치 또는 기둥에 설치 시 빠르게 덩굴을 형성할 수 있다. 더위와 병해에 강하지만, 고온기의 습한 환경에서는 꽃이 활짝 피지 못하고 봉오리 상태로 시들기도 한다.

품종 분류: 덩굴　**키**: 200cm 이상

용도: 혼합 화단, 장미 화단, 아치, 기둥, 화분(지름, 높이 50cm 이상)

식재 장소: 양지, 동 / 서 / 남향　**향기**: 장미 향

향기 강도: ★★★☆☆　**내한성**: ★★★☆☆　**내병성**: ★★★☆☆

연속 개화력: ★★★☆☆　**반복 개화력**: ★★☆☆☆

루주 루아얄ROUGE ROYALE(MEIkarouz)

육종 회사 : 메이앙

육종 연도 : 2005년

품종 안내 : 고전적인 화형으로 컵 모양의 꽃은 만개 시 크고 납작한 접시 형태로 변한다. 아름다운 심홍색의 꽃이 강한 향기를 내뿜으며 매력을 발산한다. 단단한 꽃잎은 여름 고온기에도 저항성을 지니고 있어 한여름에도 화형이 망가지지 않고 아름답게 만개한다. 단, 흑점병에 걸리기 쉽기 때문에 장마 이전부터 예방에 유의해야 한다.

품종 분류 : 하이브리드 티, 관목   **키** : 150cm 이하

용도 : 혼합 화단, 장미 화단, 화분(지름, 높이 30cm 이상)

식재 장소 : 양지, 동 / 서 / 남향   **향기** : 장미 향

향기 강도 : ★★★★★   **내한성** : ★★★☆☆   **내병성** : ★★☆☆☆

연속 개화력 : ★★☆☆☆   **반복 개화력** : ★★★★☆

소피스 로즈SOPHY'S ROSE(AUSlot)

육종 회사: 데이비드 오스틴

육종 연도: 1997년

품종 안내: 붉은 자주색의 수련을 닮은 꽃이 봄부터 가을까지 끊임없이 피어난다. 매우 작은 꽃 봉오리가 개화를 진행하며 점점 커지고, 만개 시 삼각형의 뾰족한 꽃잎을 배열하며 큰 꽃이 된다. 키가 작아 관리가 편리하지만 환절기에 흰가루병에 걸릴 확률이 높아 예방이 필요하고, 가급적 해가 충분히 드는 장소에 식재하는 것이 좋다.

품종 분류: 관목   **키**: 120cm 이하
용도: 혼합 화단, 장미 화단, 좁은 공간, 화분(지름, 높이 30cm 이상)
식재 장소: 양지, 동 / 서 / 남향   **향기**: 옅은 차 향
향기 강도: ★★★☆☆ **내한성**: ★★★★☆ **내병성**: ★★★☆☆
연속 개화력: ★★★★☆ **반복 개화력**: ★★★★★

노블 앤터니 NOBLE ANTONY (AUSway)

육종 회사: 데이비드 오스틴

육종 연도: 1995년

품종 안내: 짙은 자주색 꽃이 돔dome 형태로 둥글게 만개한다. 어두운 녹색 잎은 꽃과 대조를 이루어 매력적이다. 작은 품종이기 때문에 화단의 앞부분 또는 화분 용도로 적합하다.

품종 분류: 관목   **키**: 120cm 이하

용도: 벽 또는 펜스, 출입구, 오벨리스크, 아치, 화분(지름, 높이 50cm 이상)

식재 장소: 양지, 동 / 서 / 남향   **향기**: 옅은 차 향

향기 강도: ★★★☆☆   **내한성**: ★★★☆☆   **내병성**: ★★★☆☆

연속개화력: ★★★☆☆   **반복개화력**: ★★☆☆☆

서 존 베처먼 SIR JOHN BETJEMAN(AUSvivid)

육종 회사: 데이비드 오스틴

육종 연도: 2008년

품종 안내: 영국 시인의 이름을 딴 장미로 형광빛의 화려한 자주색 꽃은 정원의 포인트 역할을 훌륭히 해내고, 겨울에 피는 겹동백을 닮은 동그란 화형은 귀여운 분위기를 연출한다.

품종 분류: 관목   **키:** 150cm 이하

용도: 혼합 화단, 장미 화단, 화분(지름. 높이 40cm 이상)

식재 장소: 양지, 동 / 서 / 남향   **향기:** 장미 향

향기 강도: ★☆☆☆☆   **내한성:** ★★★★☆   **내병성:** ★★★☆☆

연속 개화력: ★★★★☆   **반복 개화력:** ★★★★☆

프린세스 앤PRINCESS ANNE(AUSkitchen)

육종 회사: 데이비드 오스틴

육종 연도: 2010년

품종 안내: 보라빛의 짙은 자주색 꽃은 국화를 닮은 매우 독특한 화형으로 만개 시 다른 장미꽃에서 볼 수 없는 매력을 뿜낸다. 꽃의 밑면에 노란색이 섞여 있어 보색 대비로 묘한 색감을 내는 것이 특징이다. 건강하고 균형 있는 성장으로 빠른 시일 내에 수형이 자리 잡는다.

품종 분류: 관목 **키**: 130cm 이하

용도: 장미 울타리, 혼합 화단, 장미 화단, 좁은 공간, 화분(지름, 높이 30cm 이상)

식재 장소: 양지, 동 / 서 / 남향 **향기**: 장미 향

향기 강도: ★★☆☆☆ **내한성**: ★★★★☆ **내병성**: ★★★☆☆

연속 개화력: ★★★☆☆ **반복 개화력**: ★★☆☆☆

영 리시더스 YOUNG LYCIDAS (AUSvibrant)

육종 회사: 데이비드 오스틴

육종 연도: 2008년

품종 안내: 영국의 시인 존 밀턴의 시 〈리시더스〉의 탄생 400주년을 기념하여 이름 붙여진 이 장미는 보라빛의 자주색을 띠고 바깥쪽 꽃잎은 은색이 묻어나는 묘한 매력을 발산한다. 거대한 꽃은 강한 차 향기와 올드 로즈의 향기로 매력을 뿜낸다. 꽃잎이 단단해 여름에도 화형이 망가지지 않는 장점이 있다.

품종 분류: 관목   **키**: 130cm 이하

용도: 혼합 화단, 장미 화단, 화분(지름, 높이 30cm 이상)

식재 장소: 양지, 동 / 서 / 남향   **향기**: 차, 올드 로즈 향

향기 강도: ★★★★☆   **내한성**: ★★★★☆   **내병성**: ★★★★☆

연속 개화력: ★★★☆☆   **반복 개화력**: ★★★★☆

레이디 오브 메긴치LADY OF MEGGINCH(AUSvolume)

육종 회사 : 데이비드 오스틴

육종 연도 : 2008년

품종 안내 : 예쁘고 둥근 꽃이 만개하면서 꽃잎이 뒤로 말린다. 개화 초기에는 심홍색을 띠다가 후기로 갈수록 은색이 감도는 자주색으로 변한다. 직립성 관목으로 수형 관리가 편리하고 성장이 우수해 빠른 시간 내에 아름다운 관목을 형성한다. 봄의 끝 무렵 늦은 첫 꽃을 피우고 가을 끝 무렵까지 꽃을 피우는 특징이 있다.

품종 분류: 관목　**키**: 130cm 이하

용도: 혼합 화단, 장미 화단, 화분(지름, 높이 30cm 이상)

식재 장소: 양지, 동 / 서 / 남향　**향기**: 과일, 라즈베리, 올드 로즈 향

향기 강도: ★★★☆☆　**내한성**: ★★★★☆　**내병성**: ★★★☆☆

연속 개화력: ★★★☆☆　**반복 개화력**: ★★★☆☆

이브 피아제 YVES PIAGET(MEIvildo)

육종 회사 : 메이앙

육종 연도 : 1983년

품종 안내 : 하이브리드 티와 그 변종으로 탄생한 덩굴장미 두 가지의 형태로 판매되고 있다. 매우 거대한 자주색 꽃은 정신을 아찔하게 할 정도의 강한 향기를 내뿜는다. 아름다운 꽃을 피우지만 성장이 더디고 흑점병에 취약한 단점이 있다.

품종 분류 : 하이브리드 티, 덤불   **키** : 110cm 이하, 200cm 이상

용도 : 벽 또는 펜스, 아치, 오벨리스크, 혼합 화단, 장미 화단, 화분

(지름, 높이 40cm 이상)

식재 장소 : 양지, 동 / 서 / 남향   **향기** : 올드 로즈 향

향기 강도 : ★★★★★   **내한성** : ★★★☆☆   **내병성** : ★★☆☆☆

연속 개화력 : ★★☆☆☆   **반복 개화력** : ★★★☆☆

크로커스 로즈 CROCUS ROSE / 엠마뉴엘 EMANUEL(AUSquest)

육종 회사: 데이비드 오스틴

육종 연도: 2000년

품종 안내: 큰 로제트 화형의 아름다운 꽃이 무리를 지어 피어난다. 개화 초기에는 노란색을 머금은 살구색을 띠다가 후기로 갈수록 하얀색으로 변화한다. 키 작은 장미에 속하지만 작은 아치형으로 유연하게 성장하기 때문에 작게 키울 경우 수시로 전정을 하며 키우는 것이 좋다.

품종 분류: 관목 **키**: 120cm 이하

용도: 혼합 화단, 장미 화단, 화분(지름, 높이 30cm 이상)

식재 장소: 양지, 동 / 서 / 남향 **향기**: 가벼운 차 향

향기 강도: ★★★☆☆ **내한성**: ★★★★☆ **내병성**: ★★★☆☆

연속 개화력: ★★★★☆ **반복 개화력**: ★★★☆☆

클레어 오스틴CLAIRE AUSTIN(AUSprior)

육종 회사: 데이비드 오스틴 **육종 연도**: 2007년

품종 안내: 데이비드 오스틴이 자기 딸의 이름을 붙인 장미로 딸의 이름을 딴 만큼 매우 사랑스럽고 우아한 화형과 색감을 지니고 있다. 크리미한 흰색은 개화 후기에는 맑은 하얀색으로 변하며, 지저분하게 시들지 않고 깨끗한 꽃잎을 벚꽃잎 흩날리듯 떨어뜨린다. 훌륭한 덩굴장미로 빠르게 구조물을 형성하고, 진녹색의 매트한 질감의 잎은 하얀색 꽃과 대비 속에 조화를 이룬다.

품종 분류: 덩굴 **키**: 300cm 이상

용도: 벽 또는 펜스, 아치, 오벨리스크, 화분(지름, 높이 60cm 이상)

식재 장소: 양지, 반그늘, 그늘, 동 / 서 / 남 / 북향

향기: 바닐라, 헬리오트로프, 몰약 향

향기 강도: ★★★★☆ **내한성**: ★★★★☆ **내병성**: ★★★★☆

연속 개화력: ★★★☆☆ **반복 개화력**: ★★★☆☆

리치필드 엔젤 LICHFIELD ANGEL(AUSrelate)

육종 회사: 데이비드 오스틴

육종 연도: 2006년

품종 안내: 영국 리치필드 성당에서 천사 조각의 석판이 발견된 것을 기념하여 이름 붙인 장미다. 부드러운 크림 화이트의 꽃잎이 마치 천사의 날개를 연상시킨다. 가시가 많지 않고 돔 모양의 큰 꽃을 꾸준히 피우는 장점이 있지만 내한성이 약하기 때문에 추운 지역에서는 별도의 조치가 필요하다. 자연스럽게 둥근 관목을 형성한다.

품종 분류: 관목   **키**: 130cm 이하

용도: 장미 울타리, 혼합 화단, 장미 화단, 화분(지름, 높이 40cm 이상)

식재 장소: 양지, 반그늘, 그늘, 동 / 서 / 남 / 북향   **향기**: 사향 향

향기 강도: ★☆☆☆☆   **내한성**: ★★☆☆☆   **내병성**: ★★★★☆

연속 개화력: ★★★☆☆   **반복 개화력**: ★★★★☆

윈더미어 WINDERMERE(AUShomer)

육종 회사 : 데이비드 오스틴

육종 연도 : 2007년

품종 안내 : 부드러운 크림색의 풍부한 귤 향을 지닌 품종이다. 따뜻한 장소를 좋아하고 작게 자라기 때문에 좁은 공간과 화분에서 키우기 적합하다.

품종 분류: 관목 **키:** 120cm 이하

용도: 혼합 화단, 장미 화단, 좁은 공간, 화분(지름, 높이 30cm 이상)

식재 장소: 양지, 반그늘, 동/서/남향   **향기:** 과일, 귤 향

향기 강도: ★★★★☆   **내한성:** ★★☆☆☆   **내병성:** ★★★★☆

연속 개화력: ★★☆☆☆   **반복 개화력:** ★★★☆☆

울러턴 올드 홀WOLLERTON OLD HALL(AUSblanket)

육종 회사: 데이비드 오스틴

육종 연도: 2011년

품종 안내: 개화성이 뛰어난 덩굴장미이다. 붉은색이 덧칠해진 봉오리는 개화할수록 퇴색하여 옅은 살구색으로 변한다. 강한 감귤 향은 데이비드 오스틴 사의 장미들 중에서도 손꼽히는 달콤한 향이다.

품종 분류: 덩굴   **키**: 300cm 이상

용도: 벽, 건물의 정면, 아치, 화분(지름, 높이 30cm 이상)

식재 장소: 양지, 반그늘, 그늘, 동 / 서 / 남 / 북향   **향기**: 과일, 감귤 향

향기 강도: ★★★★☆   **내한성**: ★★★★☆   **내병성**: ★★★☆☆

연속 개화력: ★★★☆☆   **반복 개화력**: ★★★★☆

윈체스터 캐시드럴WINCHESTER CATHEDRAL(AUScat)

육종 회사 : 데이비드 오스틴
육종 연도 : 1984년
품종 안내 : 영국의 가장 훌륭한 성당 중 하나인 '윈체스터 성당'의 이름을 붙인 이 장미는 데이비드 오스틴 사의 또 다른 장미인 '메리 로즈Mary Rose'의 변종이다. 깨끗한 하얀색이지만 '메리 로즈'의 핑크색이 군데군데 발현되어 독특한 매력을 풍기는 꽃은 부드러운 올드 로즈의 향을 풍기며 우아하게 성장한다.

품종 분류: 관목   키: 120cm 이하
용도: 혼합 화단, 장미 화단, 좁은 공간, 화분(지름, 높이 30cm 이상)
식재 장소: 양지, 동 / 서 / 남향   향기: 올드 로즈 향
향기 강도: ★★★☆☆   내한성: ★★★☆☆   내병성: ★★★☆☆
연속 개화력: ★★☆☆☆   반복 개화력: ★★★☆☆

치치의 사계절 장미 정원

샬럿 CHARLOTTE(AUSpoly)

육종 회사: 데이비드 오스틴

육종 연도: 1993년

품종 안내: 중간 크기의 동그란 꽃이 매우 사랑스럽다. 꽃의 중심은 레몬빛의 노란색을 띠고 꽃잎 바깥쪽은 하얀색을 띠어 매우 화려해 보인다. 수많은 꽃잎이 단정한 로제트 모양을 이루어 가장 아름다운 장미 중 하나로 손꼽히는 품종이다.

품종 분류: 관목

키: 100cm 이하

용도: 혼합 화단, 장미 화단, 좁은 공간, 화분(지름. 높이 30cm 이상)

식재 장소: 양지, 동 / 서 / 남향   **향기**: 차 향

향기 강도: ★★☆☆☆   **내한성**: ★★★★☆   **내병성**: ★★★☆☆

연속 개화력: ★★★☆☆   **반복 개화력**: ★★★★☆

그레이엄 토머스GRAHAM THOMAS(AUSmas)

육종 회사: 데이비드 오스틴

육종 연도: 1983년

품종 안내: 영국에서 가장 영향력 있는 정원사 중 한 명이던 '그레이엄 토머스'의 이름을 딴 이 장미는 컵 모양의 풍부한 노란색을 띠는 장미다. 선명한 노란색은 개화 후기로 가면서 탈색되어 노란색과 하얀색의 조화를 보여준다.

품종 분류: 덩굴

키: 300cm 이상

용도: 벽, 출입구, 오벨리스크, 기둥, 아치, 화분(지름, 높이 40cm 이상)

식재 장소: 양지, 반그늘, 그늘, 동 / 서 / 남 / 북향 **향기**: 차 향

향기 강도: ★★☆☆☆ **내한성**: ★★★☆☆ **내병성**: ★★★☆☆

연속 개화력: ★★★★☆ **반복 개화력**: ★★★☆☆

크라운 프린세스 마거리타CROWN PRINCESS MARGARETA(AUSwinter)

육종 회사: 데이비드 오스틴

육종 연도: 1999년

품종 안내: 영국 빅토리아 여왕의 손녀인 '마거리타' 공주의 이름을 딴 장미로 잘 배열된 깊은 컵 모양의 로제트 화형을 보인다. 개화 초기 살구색과 오렌지색이 섞인 모습이 후기로 가면 퇴색된 노란색으로 변한다. 특유의 강한 향기는 꿀에 절인 과일을 연상케 한다. 성장이 왕성하여 키 작은 덩굴장미로 재배가 가능하다.

품종 분류: 관목, 덩굴   **키**: 300cm 이상

용도: 벽, 출입구, 오벨리스크, 아치, 장미 울타리, 혼합 화단, 장미 화단,

화분(지름, 높이 40cm 이상)

식재 장소: 양지, 반그늘, 그늘, 동 / 서 / 남 / 북향   **향기**: 과일 향

향기 강도: ★★★★☆   **내한성**: ★★★★☆   **내병성**: ★★★★☆

연속 개화력: ★★★☆☆   **반복 개화력**: ★★★★☆

골든 셀러브레이션GOLDEN CELEBRATION (AUSgold)

육종 회사 : 데이비드 오스틴

육종 연도 : 1992년

품종 안내 : 가장 큰 꽃을 피우는 품종 중 하나로 거대한 컵 모양의 풍부한 노란 색감의 꽃을 피운다. 와인과 딸기를 섞은 듯한 강한 차 향기를 지니고 있고, 성장이 왕성하여 훌륭한 덩굴장미를 만들기에 손색이 없다. 긴 아치형의 줄기에 무수히 많은 꽃을 피우는 것이 장점이지만 흑점병에 취약하기 때문에 예방에 유의해야 한다.

품종 분류 : 관목, 덩굴 **키** : 300cm 이상

용도 : 벽, 출입구, 오벨리스크, 아치, 장미 울타리, 혼합 화단, 장미 화단,
화분(지름, 높이 60cm 이상)

식재 장소 : 양지, 반그늘, 그늘, 동 / 서 / 남 / 북향 **향기** : 과일 향

향기 강도 : ★★★★☆ **내한성** : ★★★★☆ **내병성** : ★★☆☆☆

연속 개화력 : ★★★★★ **반복 개화력** : ★★★☆☆

주드 디 옵스큐어 JUDE THE OBSCURE(AUSjo)

육종 회사 : 데이비드 오스틴

육종 연도 : 1995년

품종 안내 : 토머스 하디의 소설 《이름 없는 주드》에서 이름을 딴 장미로 둥근 성배 형태의 화형이 매우 우아하다. 옅은 살구빛의 노란 꽃은 구아바와 달콤한 화이트 와인을 연상시키는 강한 향기를 내뿜는다.

품종 분류: 관목   **키**: 120cm 이상

용도: 혼합 화단, 장미 화단, 좁은 공간, 화분(지름, 높이 30cm 이상)

식재 장소: 양지, 동 / 서 / 남향

향기: 구아바, 화이트 와인이 섞인 과일 향

향기 강도: ★★★★★   **내한성**: ★★★★☆   **내병성**: ★★★☆☆

연속 개화력: ★★★☆☆   **반복 개화력**: ★★☆☆☆

몰리뉴 MOLINEUX(AUSmol)

육종 회사 : 데이비드 오스틴

육종 연도 : 1994년

품종 안내 : 중간 크기의 꽃은 꽃봉오리일 때 붉은색을 띠다가 개화 초기에는 오렌지색, 후기에는 진한 노란색으로 빠르게 변한다. 작은 키를 유지하며 봄부터 가을까지 끊임없이 꽃을 피우는 것이 장점인데, 꽃을 많이 피우는 만큼 시비 등의 관리를 꾸준히 해주어야 한다.

품종 분류 : 관목   **키** : 120cm 이상

용도 : 장미 울타리, 혼합 화단, 장미 화단, 좁은 공간, 화분(지름, 높이 30cm 이상)

식재 장소 : 양지, 반그늘, 그늘, 동 / 서 / 남 / 북향

향기 : 사향, 차 향

향기 강도 : ★★☆☆☆   **내한성** : ★★☆☆☆   **내병성** : ★★★☆☆

연속 개화력 : ★★★☆☆   **반복 개화력** : ★★★★★

치치의 사계절 장미 정원

더 필그림 THE PILGRIM(AUSwalker)

육종 회사: 데이비드 오스틴

육종 연도: 1991년

품종 안내: 크고 완벽하게 편평한 로제트의 아름다운 꽃이 여름부터 가을까지 이어지는 품종으로, 차와 몰약의 향이 균형 있게 섞인 쌉쌀한 향이 나는 매우 밝은 레몬빛의 노란색 장미다. 성장이 우수해 빠르게 덩굴을 형성하고, 무성한 줄기에는 커다란 꽃이 바닥을 보며 피는 것이 특징이다.

품종 분류: 덩굴   **키**: 300cm 이상

용도: 벽, 출입구, 오벨리스크, 기둥, 아치, 장미 울타리, 화분(지름, 높이 50cm 이상)

식재 장소: 양지, 반그늘, 그늘, 동 / 서 / 남 / 북향   **향기**: 차, 몰약 향

향기 강도: ★★☆☆☆   **내한성**: ★★★☆☆   **내병성**: ★★★☆☆

연속 개화력: ★★★★☆   **반복 개화력**: ★★★☆☆

찰스 다윈 CHARLES DARWIN(AUSpeet)

육종 회사: 데이비드 오스틴

육종 연도: 2003년

품종 안내: 생물학자 '찰스 다윈'의 이름을 딴 이 장미는 데이비드 오스틴 사의 장미들 중 색감의 변화가 가장 아름다운 품종이다. 동그란 컵 모양의 꽃은 퇴색된 겨자색을 띠다 옅은 레몬색으로 변하는데, 계절에 따라 빛바랜 핑크색이 묻어나기도 한다. 부드러운 꽃 차와 레몬을 섞은 듯한 맛 좋은 향을 지니고 있고, 횡장성으로 풍성하게 성장한다.

품종 분류: 관목   **키**: 130cm 이하
용도: 장미 울타리, 혼합 화단, 장미 화단, 화분(지름, 높이 30cm 이상)
식재 장소: 양지, 반그늘, 그늘, 동 / 서 / 남 / 북향   **향기**: 레몬, 꽃 차 향
향기 강도: ★★★★☆   **내한성**: ★★★☆☆   **내병성**: ★★★☆☆
연속 개화력: ★★★☆☆   **반복 개화력**: ★★★★☆

티징 조지아TEASING GEORGIA(AUSbaker)

육종 회사 : 데이비드 오스틴

육종 연도 : 1987년

품종 안내 : 성장이 좋아 우아한 덩굴장미를 만들기 좋은 품종이다. 중심의 진한 노란색과 바깥쪽의 옅은 노란색의 조화가 보기 좋고, 특히 단정한 로제트 화형이 매력적이다.

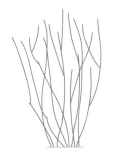

품종 분류: 덩굴

키: 300cm 이상

용도: 벽, 출입구, 오벨리스크, 기둥, 아치, 장미 울타리, 화분(지름, 높이 50cm 이상)

식재 장소: 양지, 반그늘, 그늘, 동 / 서 / 남 / 북향

향기: 장미, 차 향

향기 강도: ★★★☆☆　**내한성**: ★★★☆☆　**내병성**: ★★★☆☆

연속 개화력: ★★★★★　**반복 개화력**: ★★☆☆☆

페가수스PEGASUS(AUSmoon)

육종 회사 : 데이비드 오스틴

육종 연도 : 1995년

품종 안내 : 페가수스는 다른 데이비드 오스틴 장미들과 차별화된 매력을 지니고 있다. 물결치듯 흐르는 꽃잎은 로제트를 이루지만 정형화되어 있지 않고, 특유의 단단한 꽃잎은 여름 더위에도 강하고 꽃이 오랫동안 피어 있도록 도와준다.

품종 분류 : 관목   키 : 120cm 이하

용도 : 혼합 화단, 장미 화단, 화분(지름, 높이 30cm 이상)

식재 장소 : 양지, 동 / 서 / 남향

향기 : 차 향

향기 강도 : ★★★☆☆   내한성 : ★★☆☆☆   내병성 : ★★★☆☆

연속 개화력 : ★★★★☆   반복 개화력 : ★★★☆☆

살구 & 오렌지 로즈 Apricot & Orange Roses

레이디 오브 샬럿 LADY OF SHALOTT(AUSnyson)

육종 회사 : 데이비드 오스틴

육종 연도 : 2009년

품종 안내 : 느슨하게 배열된 성배 모양의 꽃은 풍성한 오렌지색을 띠는데, 그 가운데 노랑과 핑크를 머금어 신비한 느낌을 자아낸다. 작은 키지만 성장이 우수해 새 줄기를 빠르게 내고, 봄부터 가을까지 끊임없이 꽃을 피운다. 너무 무성해지는 경우가 있으니 수시로 전정을 해주는 것이 병충해 예방과 꽃을 피우는 데 효과적이다.

품종 분류: 관목 **키**: 130cm 이하

용도: 장미 울타리, 혼합 화단, 장미 화단, 화분 (지름, 높이 30cm 이상)

식재 장소: 양지, 동 / 서 / 남향 **향기**: 차 향

향기 강도: ★★★☆☆ **내한성**: ★★★★★ **내병성**: ★★★★★

연속 개화력: ★★★☆☆ **반복 개화력**: ★★★★☆

레이디 엠마 해밀턴 LADY EMMA HAMILTON(AUSbrother)

육종 회사 : 데이비드 오스틴

육종 연도 : 2005년

품종 안내 : 붉은색의 꽃봉오리는 느슨한 성배 모양으로 개화하며 핑크와 노랑이 감도는 풍부한 오렌지색이 된다. 배, 포도, 감귤을 섞은 듯한 맛 좋은 과일 향이 나고, 검붉은 녹색의 잎은 화려한 꽃과 대비를 이룬다.

품종 분류 : 관목   키 : 100cm 이하

용도 : 혼합 화단, 장미 화단, 화분(지름, 높이 30cm 이상)

식재 장소 : 양지, 동 / 서 / 남향   향기 : 차 향

향기 강도 : ★★★★★   내한성 : ★★★☆☆   내병성 : ★★★★☆

연속 개화력 : ★★★☆☆   반복 개화력 : ★★★★☆

팻 오스틴PAT AUSTIN(AUSmum)

육종 회사: 데이비드 오스틴
육종 연도: 1995년
품종 안내: 거대한 컵 모양의 아름다운 꽃은 데이비드 오스틴 장미 중 가장 선명한 오렌지색을 띤다. 맛 좋은 차 향이 특히나 좋고, 아치형의 유연한 줄기에 매달린 큰 꽃은 무게를 견디지 못하고 바닥을 향하는 것이 대부분이기 때문에 줄기를 지지할 수 있는 구조물을 설치해야 꽃을 감상하기 좋다.

품종 분류: 관목　**키**: 130cm 이하
용도: 혼합 화단, 장미 화단, 화분(지름, 높이 30cm 이상)
식재 장소: 양지, 반그늘, 동 / 서 / 남향　**향기**: 차 향
향기 강도: ★★★★☆　**내한성**: ★★★☆☆　**내병성**: ★★★☆☆
연속 개화력: ★★★☆☆　**반복 개화력**: ★★★★☆

티 클리퍼 TEA CLIPPER(AUSrover)

육종 회사 : 데이비드 오스틴

육종 연도 : 2006년

품종 안내 : 살구와 오렌지, 핑크를 넘나드는 다양한 색감을 연출하는 이 장미는, 단추 모양의 눈을 가지고 있는 쿼터 로제트 화형을 보인다. 정형화되어 있지 않은 납작한 둥근 꽃은 사랑스러운 차 향과 과일 향을 지니고 있으며 때때로 순수한 감귤 향을 내기도 한다. 직립형의 키 작은 장미로 성장이 매우 빠르고, 특히 성장에 힘을 너무 많이 쏟아 꽃 피우는 데 게으른 경우가 많기 때문에 개화를 위한 시비와 함께 수시로 전정을 해주는 것이 좋다.

품종 분류 : 관목   **키** : 130cm 이상

용도 : 장미 울타리, 혼합 화단, 장미 화단, 화분(지름, 높이 40cm 이상)

식재 장소 : 양지, 반그늘, 동 / 서 / 남향   **향기** : 차 향

향기 강도 : ★★★★☆   **내한성** : ★★★★☆   **내병성** : ★★★★☆

연속 개화력 : ★★★★☆   **반복 개화력** : ★☆☆☆☆

포트 선라이트 PORT SUNLIGHT(AUSlofty)

육종 회사 : 데이비드 오스틴

육종 연도 : 2007년

품종 안내 : 쿼터 로제트 화형의 중간 사이즈 꽃이 봄부터 가을까지 꾸준히 핀다. 풍부한 오렌지색은 정원을 화사하게 만들고, 암녹색의 잎은 꽃과 대비되어 더욱 아름답다. 직립형의 키 작은 장미로 성장이 좋아 수형 관리가 편리한 것이 장점이다.

품종 분류 : 관목   **키 :** 150cm 이상

용도 : 장미 울타리, 혼합 화단, 장미 화단, 화분(지름, 높이 40cm 이상)

식재 장소 : 양지, 반그늘, 그늘, 동 / 서 / 남 / 북향

향기 : 차 향

향기 강도 : ★★☆☆☆   **내한성 :** ★★★★★   **내병성 :** ★★★★☆

연속 개화력 : ★★★☆☆   **반복 개화력 :** ★★★☆☆

서머 송SUMMER SONG / 록서터WROXETER(AUStango)

육종 회사: 데이비드 오스틴

육종 연도: 2007년

품종 안내: 깊은 컵 모양의 로제트 화형으로 수많은 꽃잎으로 가득 찬 꽃이 매력적이다. 특히 어떤 품종에서도 볼 수 없는 불타오르는 듯한 짙은 오렌지색은 정원에 생기를 불어 넣어준다.

품종 분류: 관목

키: 120cm 이하

용도: 혼합 화단, 장미 화단, 화분(지름, 높이 30cm 이상)

식재 장소: 양지, 동 / 서 / 남향

향기: 차 향

향기 강도: ★★★★☆　**내한성**: ★★★★☆　**내병성**: ★★★☆☆

연속 개화력: ★★★☆☆　**반복 개화력**: ★☆☆☆☆

바로크 BAROCK

육종 회사 : 탄타우 (독일)

육종 연도 : 1999년

품종 안내 : 핑크를 머금은 살구빛 오렌지색의 장미로 꽃의 중심부가 높은 항아리형이지만 개화가 진행되면서 로제트 화형으로 변한다. 꽃잎은 끝이 뾰족하여 남성적인 분위기를 연출하고, 성장이 매우 왕성하기 때문에 빠르게 거대한 덩굴을 형성한다.

품종 분류 : 덩굴 **키** : 300cm 이상

용도 : 벽 또는 펜스, 아치, 기둥, 혼합 화단, 장미 화단

식재 장소 : 양지, 반그늘, 그늘, 동 / 서 / 남 / 북향

향기 : 장미 향

향기 강도 : ★★★☆☆ **내한성** : ★★★★☆ **내병성** : ★★★★☆

연속 개화력 : ★★★★☆ **반복 개화력** : ★★☆☆☆

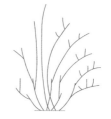

앰브리지 로즈 AMBRIDGE ROSE(AUSwonder)

육종 회사: 데이비드 오스틴

육종 연도: 1990년

품종 안내: 둥근 컵 모양의 꽃은 살구빛을 머금은 핑크색으로 매우 사랑스러운 모습이다. 개화가 진행되면서 꽃 속에서 매력적인 로제트 화형이 나타나고, 기분 좋은 몰약 향을 풍긴다.

품종 분류: 관목   **키**: 100cm 이하

용도: 혼합 화단, 장미 화단, 화분(지름, 높이 30cm 이상)

식재 장소: 양지, 동 / 서 / 남향

향기: 사과 향을 가미한 올드 로즈 향

향기 강도: ★★★★★   **내한성**: ★★★☆☆

내병성: ★★☆☆☆   **개화력**: ★★★★☆

에글런타인 EGLANTYNE(AUSmak)

육종 회사: 데이비드 오스틴

육종 연도: 1994년

품종 안내: 강한 올드 로즈 향을 지닌 사랑스러운 딸기우유빛 핑크색 장미로, 중앙의 단추 눈이 귀여운 이미지를 배가한다. 직립형으로 성장이 매우 우수하지만 줄기의 끝에 꽃이 달리기 때문에 눈높이에 맞춰 수시로 전정해주어야 꽃을 감상하기 좋다.

품종 분류: 관목 **키:** 130cm 이하

용도: 혼합 화단, 장미 화단, 좁은 공간, 화분 (지름, 높이 30cm 이상)

식재 장소: 양지, 동 / 서 / 남향

향기: 장미 향

향기 강도: ★★★☆☆ **내한성:** ★★★★☆ **내병성:** ★★★★☆

연속 개화력: ★★★★☆ **반복 개화력:** ★★☆☆☆

젠틀 헤르미오네 GENTLE HERMIONE(AUSrumba)

육종 회사: 데이비드 오스틴

육종 연도: 2005년

품종 안내: 둥근 컵 모양의 로제트 화형으로 중심의 부드러운 진주 핑크색과 밑면의 노란색이 어우러져 환상적인 색감을 보여준다. 빠른 관목을 형성하고 밝은 꽃과 대조되는 검붉은 잎은 시간이 지날수록 녹색으로 변해 꽃과 잎의 색이 아름다운 조화를 이룬다.

품종 분류: 관목   키: 130cm 이하

용도: 혼합 화단, 장미 화단, 좁은 공간, 화분(지름, 높이 30cm 이상)

식재 장소: 양지, 동 / 서 / 남향

향기: 몰약 향

향기 강도: ★★★☆☆   내한성: ★★★★☆   내병성: ★★★☆☆

연속 개화력: ★★★☆☆   반복 개화력: ★★☆☆☆

헤리티지 HERITAGE(AUSblush)

육종 회사: 데이비드 오스틴

육종 연도: 1984년

품종 안내: 느슨한 둥근 조개형 화형에 꽃잎의 가운데는 부드러운 핑크색을 바깥쪽은 하얀색을 띠어 유약한 이미지를 보인다. 가시가 거의 없어 관리가 편하고 열매를 쉽게 달기 때문에 지속적으로 꽃을 보기 위해서는 꾸준한 데드 헤딩이 필요하다. 꽃잎이 연약해 지저분하게 시들지 않고 흩날리며 떨어지는 것이 특징이다.

품종 분류: 관목 **키:** 130cm 이상

용도: 혼합 화단, 장미 화단, 좁은 공간, 화분(지름, 높이 30cm 이상)

식재 장소: 양지, 동 / 서 / 남향 **향기:** 강한 레몬 향

향기 강도: ★★★★☆ **내한성:** ★★★★☆ **내병성:** ★★★☆☆

연속 개화력: ★★★☆☆ **반복 개화력:** ★★★★☆

퀸 오브 스웨덴QUEEN OF SWEDEN / 크리스티나CHRISTINA(AUSiger)

육종 회사: 데이비드 오스틴 **육종 연도:** 2004년

품종 안내: 1654년 스웨덴의 크리스티나 여왕과 영국의 올리버 크롬웰이 체결한 무역 조약의 350주년을 기념하여 이름 붙인 이 장미는 부드러운 살구빛 핑크색의 작고 사랑스러운 꽃을 피운다. 가시가 거의 없고 성장이 좋은 직립형의 수형은 관리가 매우 편하다. 단, 줄기 끝에서 꽃을 피우기 때문에 키를 너무 많이 키울 경우 꽃이 달리는 모습을 볼 수 없다. 따라서 수시로 눈높이에 맞도록 전지해주는 것이 좋다.

품종 분류: 관목 **키:** 120cm 이하
용도: 장미 울타리, 혼합 화단, 장미 화단, 좁은 공간, 화분(지름, 높이 30cm 이상)
식재 장소: 양지, 반그늘, 그늘, 동 / 서 / 남 / 북향 **향기:** 약한 몰약 향
향기 강도: ★☆☆☆☆ **내한성:** ★★★★☆ **내병성:** ★★★★☆
연속 개화력: ★★★★☆ **반복 개화력:** ★★☆☆☆

모티머 새클러 MORTIMER SACKLER(AUSorts)

육종 회사: 데이비드 오스틴

육종 연도: 2002년

품종 안내: 수련을 닮은 뾰족한 꽃잎의 꽃이 분사형으로 무리 지어 핀다. 가시가 거의 없는 강건한 줄기는 우수한 성장력으로 아름다운 덩굴을 빠르게 형성한다. 얇고 여린 꽃잎을 지닌 꽃은 뜨거운 햇빛에 약하기 때문에 가급적 태양빛이 강하지 않은 장소에 식재하는 것이 좋다.

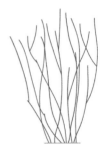

품종 분류: 덩굴   **키:** 300cm 이상

용도: 벽, 출입구, 오벨리스크, 기둥, 아치, 화분(지름, 높이 30cm 이상)

식재 장소: 양지, 반그늘, 그늘, 동 / 서 / 남 / 북향

향기: 올드 로즈 향

향기 강도: ★★☆☆☆   **내한성:** ★★★★☆   **내병성:** ★★★★☆

연속 개화력: ★★★★★   **반복 개화력:** ★☆☆☆☆

셉터드 아일 SCEPTER'D ISLE(AUSland)

육종 회사: 데이비드 오스틴

육종 연도: 1996년

품종 안내: 느슨한 컵 모양의 이 장미는 딸기우유빛 색감과 달콤한 향기가 매우 사랑스럽다. 꽃잎이 열리면 안쪽에 숨어 있던 황금색 수술이 나타나는데, 활짝 핀 모습마저 아름다운 보기 드문 품종이다. 직립성의 우아한 수형을 이루고 꽃은 대부분 처짐 없이 하늘을 향해 피어난다.

품종 분류: 관목　　**키:** 130cm 이하

용도: 혼합 화단, 장미 화단, 화분(지름, 높이 30cm 이상)

식재 장소: 양지, 반그늘, 그늘, 동 / 서 / 남 / 북향

향기: 강한 몰약 향

향기 강도: ★★★★☆　**내한성:** ★★★☆☆　**내병성:** ★★★★☆

연속 개화력: ★★★☆☆　**반복 개화력:** ★★★★☆

샤리파 아스마 SHARIFA ASMA(AUSreef)

육종 회사: 데이비드 오스틴

육종 연도: 1989년

품종 안내: 올드 로즈의 매력을 간직한 아름다운 품종으로, 꽃잎의 중심은 살구빛을 담은 밝은 핑크색을, 바깥쪽은 흰색을 띠고 있다. 향수를 부은 듯한 강렬한 향기가 가장 큰 매력으로 바람 드는 창가 쪽에 심으면 집 안 가득 장미 향이 퍼진다.

품종 분류: 관목   **키**: 130cm 이하

용도: 혼합 화단, 장미 화단, 좁은 공간, 화분(지름, 높이 30cm 이상)

식재 장소: 양지, 반그늘, 동 / 서 / 남 / 북향   **향기**: 강한 과일 향

향기 강도: ★★★★★   **내한성**: ★★★☆☆   **내병성**: ★★★☆☆

연속 개화력: ★★☆☆☆   **반복 개화력**: ★★☆☆☆

스피릿 오브 프리덤 SPIRIT OF FREEDOM(AUSbite)

육종 회사: 데이비드 오스틴   **육종 연도:** 2002년

품종 안내: 거대한 컵 모양의 꽃은 200장 이상의 꽃잎으로 가득 채워져 고전적인 아름다움을 뽐
낸다. 꽃잎의 부드러운 핑크색은 시간이 지날수록 연보라색이 섞인 핑크로 변하고, 기분 좋은
상큼한 향기를 내뿜는다. 성장이 왕성하여 낮은 덩굴장미로 키우는 것이 가능하지만 키 작은
장미로 키울 경우 강한 전정이 필요하다. 가시가 굉장히 많기 때문에 관리 시 장미 전용 장갑
을 사용하는 것이 좋다. 내한성이 약한 단점이 있기 때문에 가급적 양지에 식재해야 한다.

품종 분류: 관목   **키:** 130cm 이상
용도: 혼합 화단, 장미 화단, 화분(지름, 높이 40cm 이상)
식재 장소: 양지, 동 / 서 / 남향   **향기:** 몰약 향
향기 강도: ★★★☆☆   **내한성:** ★★☆☆☆   **내병성:** ★★★☆☆
연속 개화력: ★★★☆☆   **반복 개화력:** ★★★☆☆

세인트 스위턴 ST. SWITHUN(AUSwith)

육종 회사: 데이비드 오스틴

육종 연도: 1993년

품종 안내: 단추 눈을 가진 큰 접시 모양의 꽃은 핑크색을 기본으로 하지만 계절마다 다른 색감과 화형으로 즐거움을 선사한다. 특히 여름철의 꽃은 핑크에서 레몬, 흰색으로 그라데이션되어 변화하며 어느 계절보다 아름다운 색감을 보여준다.

품종 분류: 덩굴　**키:** 300cm 이하

용도: 벽, 출입구, 오벨리스크, 기둥, 아치, 화분(지름, 높이 50cm 이상)

식재 장소: 양지, 동 / 서 / 남향　**향기:** 몰약 향

향기 강도: ★★★☆☆　**내한성:** ★★★★☆　**내병성:** ★★★☆☆

연속 개화력: ★★★★☆　**반복 개화력:** ★★★☆☆

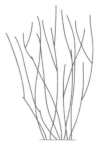

더 제너러스 가드너 THE GENEROUS GARDENER(AUSdrawn)

육종 회사: 데이비드 오스틴

육종 연도: 2002년

품종 안내: 우아한 찻잔을 닮은 화형은 섬세한 아름다움을 지니고 있으며 강하고 맛 좋은 올드 로즈 향이 꽃의 아름다움을 배가시킨다. 성장이 매우 왕성하고 거대하게 자라는 덩굴이기 때문에 화분 또는 관목으로 키울 경우 때때로 강한 전정이 필요하다.

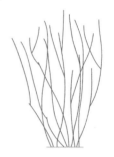

품종 분류: 덩굴   **키:** 400cm 이상

용도: 벽, 출입구, 오벨리스크, 기둥, 아치, 화분(지름, 높이 60cm 이상)

식재 장소: 양지, 동 / 서 / 남향

향기: 몰약 향

향기 강도: ★★★★☆   **내한성:** ★★☆☆☆   **내병성:** ★★★★☆

연속 개화력: ★★★★☆   **반복 개화력:** ★☆☆☆☆

와일디브 WILDEVE(AUSbonny)

육종 회사: 데이비드 오스틴

육종 연도: 2003년

품종 안내: 또렷한 쿼터 로제트로 살구빛을 머금은 예쁜 핑크색을 띤다. 긴 아치형 줄기는 횡장성이 강하고, 특히 지표면 가까이 성장하는 줄기들로 인해 만개 시 꽃으로 땅을 덮기도 한다. 단, 장마 이후에는 흑점병에 걸리기 쉽기 때문에 예방이 필요하다.

품종 분류: 관목   **키:** 130cm 이하

용도: 장미 울타리, 혼합 화단, 장미 화단, 화분(지름, 높이 30cm 이상)

식재 장소: 양지, 반그늘, 그늘 동 / 서 / 남 / 북향

향기: 과일 향

향기 강도: ★★☆☆☆   **내한성:** ★★★☆☆   **내병성:** ★★★☆☆

연속 개화력: ★★★☆☆   **반복 개화력:** ★★☆☆☆

윌리엄 모리스WILLIAM MORRIS(AUSwill)

육종 회사: 데이비드 오스틴

육종 연도: 1998년

품종 안내: 깊은 컵 모양의 살구빛 핑크 장미로 계절마다 변화를 보는 재미가 있다. 아치형의 줄기는 자유분방하게 자라기 때문에 정갈한 정원을 원한다면 주기적인 전정과 함께 지지대를 설치해주는 것이 좋다.

품종 분류: 관목   **키:** 150cm 이하

용도: 혼합 화단, 장미 화단, 화분(지름, 높이 40cm 이상)

식재 장소: 양지, 동 / 서 / 남향

향기: 차 향

향기 강도: ★★☆☆☆   **내한성:** ★★☆☆☆   **내병성:** ★★★☆☆

연속 개화력: ★★★☆☆   **반복 개화력:** ★☆☆☆☆

코티지 로즈COTTAGE ROSE(AUSglisten)

육종 회사: 데이비드 오스틴

육종 연도: 1991년

품종 안내: 올드 로즈의 특징을 물려받은 작고 사랑스러운 꽃이다. 부드러운 핑크색의 단추 눈을 가진 꽃은 아몬드와 라일락 향기가 섞인 기분 좋은 향이 난다.

품종 분류: 관목 **키:** 130cm 이하

용도: 혼합 화단, 장미 화단, 화분(지름, 높이 40cm 이상)

식재 장소: 양지, 동 / 서 / 남향

향기: 차 향

향기 강도: ★★★★☆ **내한성:** ★★☆☆☆ **내병성:** ★★★☆☆

연속 개화력: ★★☆☆☆ **반복 개화력:** ★★☆☆☆

거트루드 제킬GERTRUDE JEKYLL(AUSbord)

육종 회사: 데이비드 오스틴

육종 연도: 1986년

품종 안내: 영국의 정원 스타일에 막대한 영양을 미친 정원 디자이너 '거트루드 제킬'의 이름을 딴 이 장미는 키 작은 장미 또는 덩굴장미로도 매우 훌륭한 품종이다. 형광빛이 감도는 짙은 핑크는 정원의 분위기를 한층 발랄하게 만들고, 완벽하게 균형 잡힌 강한 향기는 정원을 지나가는 사람의 발길을 붙잡기 충분하다.

품종 분류: 관목   **키:** 250cm 이하

용도: 벽, 출입구, 오벨리스크, 기둥, 화분(지름, 높이 50cm 이상)

식재 장소: 양지, 동 / 서 / 남향   **향기:** 강한 올드 로즈 향

향기 강도: ★★★★★   **내한성:** ★★★☆☆   **내병성:** ★★★☆☆

연속 개화력: ★★★☆☆   **반복 개화력:** ★★★☆☆

제프 해밀턴GEOFF HAMILTON(AUSham)

육종 회사: 데이비드 오스틴

육종 연도: 1997년

품종 안내: 동그란 형태 속 완벽하게 배열된 핑크색 꽃잎은 누구라도 쉽게 지나치지 못할 치명적인 아름다움을 지니고 있다. 직립형의 줄기는 건강하게 성장하고 빠른 시일 내에 아름다운 수형을 형성한다. 완벽한 외모의 화형은 데이비드 오스틴 장미 중 가장 아름답다고 칭송받지만 햇빛과 그늘, 더위에도 약한 면모를 보여 가드닝에는 매우 까다로운 품종에 속한다.

품종 분류: 관목   **키:** 130cm 이하

용도: 혼합 화단, 장미 화단, 화분(지름, 높이 40cm 이상)

식재 장소: 양지, 동 / 서 / 남향   **향기:** 사과 향을 가미한 올드 로즈 향

향기 강도: ★★☆☆☆   **내한성:** ★★☆☆☆   **내병성:** ★★★☆☆

연속 개화력: ★★☆☆☆   **반복 개화력:** ★☆☆☆☆

메리 로즈MARY ROSE(AUSmary)

육종 회사: 데이비드 오스틴
육종 연도: 1983년
품종 안내: 느슨한 꽃잎이 매력적인 장미로 연보랏빛이 감도는 선명한 로즈핑크색이 아름답다. 잔가지를 많이 내는 키 작은 장미로, 줄기가 보이지 않을 정도로 많은 꽃을 피우는 장점이 있다.

품종 분류: 관목   **키**: 120cm 이하
용도: 장미 울타리, 혼합 화단, 장미 화단, 화분(지름, 높이 30cm 이상)
식재 장소: 양지, 동 / 서 / 남향
향기: 아몬드 꽃과 꿀을 섞은 올드 로즈 향
향기 강도: ★★★☆☆ **내한성**: ★★★☆☆ **내병성**: ★★☆☆☆
연속 개화력: ★★★★☆ **반복 개화력**: ★★★☆☆

디 알른윅 로즈 THE ALNWICK ROSE(AUSgrab)

육종 회사: 데이비드 오스틴 **육종 연도:** 2001년

품종 안내: 둥근 컵 모양 안에 불규칙적인 로제트가 매우 독특한 매력을 선사하는 장미이다. 선명한 살몬 핑크를 바탕으로 꽃잎의 중심과 바깥쪽의 색이 오묘하게 다른 색을 보여 마치 절화용 장미를 보는 듯한 느낌을 준다. 가시가 많은 직립형 장미로 둥근 수형으로 보기 좋게 성장하기 때문에 방범용 울타리로 적합하다. 해를 많이 볼수록 건강하고 꽃을 많이 피우기 때문에 가급적 하루 6시간 이상 해가 드는 장소에 식재하는 것이 좋다.

품종 분류: 관목 **키:** 120cm 이하

용도: 장미 울타리, 혼합 화단, 장미 화단, 좁은 공간 화분(지름. 높이 30cm 이상)

식재 장소: 양지, 동 / 서 / 남향 **향기:** 올드 로즈 향

향기 강도: ★★☆☆☆ **내한성:** ★★★☆☆ **내병성:** ★★★☆☆

연속 개화력: ★★★☆☆ **반복 개화력:** ★★★☆☆

디 인지니어스 미스터 페어차일드 THE INGENIOUS MR. FAIRCHILD(AUStijus)

육종 회사: 데이비드 오스틴   육종 연도: 2003년

품종 안내: 1720년 세계 최초로 꽃 교잡을 성공시킨 토머스 페어차일드의 이름을 딴 장미다. 그는 수염패랭이와 카네이션을 교잡해 전혀 새로운 모습의 꽃을 탄생시켰는데, 그의 업적과 어울리게 장미꽃이지만 작약을 닮은 꽃이 피는 것이 특징이다. 연보랏빛이 감도는 선명한 핑크색과 위로 솟구치는 깃털 형태의 꽃잎이 매우 아름답고, 진하고 상큼한 향기가 기분을 좋게 한다.

품종 분류: 관목   키: 130cm 이하
용도: 혼합 화단, 장미 화단, 화분(지름, 높이 40cm 이상)
식재 장소: 양지, 동 / 서 / 남향
향기: 라즈베리, 복숭아, 민트를 가미한 강한 과일 향
향기 강도: ★★★★☆   내한성: ★★★☆☆   내병성: ★★☆☆☆
연속 개화력: ★★★☆☆   반복 개화력: ★★★☆☆

세인트 세실리아 ST. CECILIA(AUSmit)

육종 회사: 데이비드 오스틴

육종 연도: 1987년

품종 안내: 둥근 컵 모양의 사랑스러운 꽃은 연한 살구 핑크에서 백색으로 변화한다. 아몬드 꽃 향기가 섞인 달콤한 향기가 특징이고, 어린 모습과 달리 여름 더위와 겨울 추위에 강한 면모를 보여준다.

품종 분류: 관목   **키:** 130cm 이하

용도: 혼합 화단, 장미 화단, 화분(지름, 높이 40cm 이상)

식재 장소: 양지, 동 / 서 / 남향

향기: 몰약, 레몬, 아몬드 꽃 향

향기 강도: ★★★★★   **내한성:** ★★★★☆   **내병성:** ★★★☆☆

연속 개화력: ★★★★☆   **반복 개화력:** ★★★☆☆

브라더 캐드펠BROTHER CADFAEL(AUSglobe)

육종 회사: 데이비드 오스틴

육종 연도: 1986년

품종 안내: 맑은 핑크빛을 띤 거대한 공 모양의 꽃은 모란꽃을 닮았다. 줄기가 튼튼해 꽃이 처지지 않고 하늘을 향해 피는 것이 특징이다. 검붉은 줄기에는 가시가 거의 없어 관리가 매우 편리하다.

품종 분류: 관목　**키:** 130cm 이하

용도: 혼합 화단, 장미 화단, 화분(지름. 높이 40cm 이상)

식재 장소: 양지, 동 / 서 / 남향

향기: 강한 올드 로즈 향

향기 강도: ★★★★★　**내한성:** ★★☆☆☆　**내병성:** ★★★☆☆

연속 개화력: ★★☆☆☆　**반복 개화력:** ★☆☆☆☆

치치의 사계절 장미 정원

앨런 티치마시 ALAN TITCHMARSH(AUSjive)

육종 회사: 데이비드 오스틴

육종 연도: 2005년

품종 안내: 매우 아름다운 품종 중 하나로 수많은 꽃잎을 가진 둥근 꽃이 아치형 줄기에 우아하게 피어난다. 레몬 향이 감도는 상큼한 올드 로즈 향은 꽃의 매력을 더하고, 붉은빛이 도는 잎은 짙은 핑크색 꽃과 어울려 조화를 이룬다.

품종 분류: 관목   **키:** 120cm 이하

용도: 혼합 화단, 장미 화단, 화분(지름. 높이 30cm 이상)

식재 장소: 양지, 동 / 서 / 남향

향기: 사과 향을 가미한 올드 로즈 향

향기 강도: ★★☆☆☆   **내한성:** ★★★★☆   **내병성:** ★★★☆☆

연속 개화력: ★★☆☆☆   **반복 개화력:** ★★☆☆☆

찰스 레니 매킨토시CHARLES RENNIE MACKINTOSH(AUSren)

육종 회사: 데이비드 오스틴

육종 연도: 1988년

품종 안내: 계절에 따라 연한 라일락 핑크에서 진한 연보랏빛 핑크로 색이 변한다. 단정한 둥근 컵 모양의 꽃은 많은 꽃잎들로 채워져 있고, 라일락과 아몬드 꽃향기가 가미된 올드 로즈 향기가 매력적이다. 더위와 태양빛에 강해 여름에도 화형이 망가지지 않고 가을까지 꾸준히 꽃을 피운다.

품종 분류: 관목　**키:** 100cm 이하

용도: 혼합 화단, 장미 화단, 화분(지름, 높이 30cm 이상)

식재 장소: 양지, 동 / 서 / 남향

향기: 사과 향을 가미한 올드 로즈 향

향기 강도: ★★★☆☆　**내한성:** ★★★★☆　**내병성:** ★★★★☆

연속 개화력: ★★★☆☆　**반복 개화력:** ★★★★☆

제임스 골웨이 JAMES GALWAY(AUScrystal)

육종 회사: 데이비드 오스틴

육종 연도: 2000년

품종 안내: 세계적으로 유명한 영국의 플루트 연주자 제임스 골웨이의 60번째 생일을 기념한 장미다. 첼시 플라워 쇼에서 이 장미가 발매될 당시 제임스 골웨이가 직접 플루트 연주를 선보여 방문객들을 즐겁게 해주었다. 수많은 겹겹의 꽃잎이 눈에 띄게 화려하다. 직립형으로 성장이 매우 왕성하여 빠른 시간 내에 덩굴을 형성하는 것이 특징이다.

품종 분류: 덩굴   **키:** 300cm 이상
용도: 벽, 건물의 정면, 화분(지름, 높이 60cm 이상)
식재 장소: 양지, 반그늘, 그늘, 동 / 서 / 남 / 북향
향기: 옅은 올드 로즈 향
향기 강도: ★☆☆☆☆   **내한성:** ★★★★☆   **내병성:** ★★★☆☆
연속 개화력: ★★★☆☆   **반복 개화력:** ★★☆☆☆

주빌리 셀러브레이션JUBILEE CELEBRATION(AShunter)

육종 회사: 데이비드 오스틴

육종 연도: 2002년

품종 안내: 코랄핑크의 큰 돔 모양 꽃이 아치형의 유연한 줄기에 매달려 피는 품종이다. 신선한 레몬과 라즈베리를 섞은 강하고 맛 좋은 과일 향이 매력적이고, 겨울이 올 때까지 끊임없이 많은 꽃을 피운다는 장점이 있다.

품종 분류: 관목   키: 120cm 이하
용도: 혼합 화단, 장미 화단, 화분(지름, 높이 30cm 이상)
식재 장소: 양지, 동 / 서 / 남향
향기: 레몬, 라즈베리의 과일 향
향기 강도: ★★★★☆   내한성: ★★★☆☆   내병성: ★★★☆☆
연속 개화력: ★★★☆☆   반복 개화력: ★★★★☆

어 슈롭셔 래드 A SHROPSHIRE LAD(AUSled)

육종 회사: 데이비드 오스틴

육종 연도: 1996년

품종 안내: 커다랗고 완벽한 로제트 화형의 아름다운 장미다. 중심 꽃잎은 짙은 빈티지 핑크를, 가장자리는 크림색을 띠어 고전적인 매력을 보여준다.

품종 분류: 덩굴

키: 300cm 이하

용도: 벽, 출입구, 오벨리스크, 기둥, 아치, 화분(지름, 높이 60cm 이상)

식재 장소: 양지, 동 / 서 / 남향

향기: 과일 향, 차 향

향기 강도: ★★★☆☆   **내한성:** ★★☆☆☆   **내병성:** ★★☆☆☆

연속 개화력: ★★☆☆☆   **반복 개화력:** ★☆☆☆☆

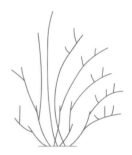

크리스토퍼 말로 CHRISTOPHER MARLOWE(AUSjump)

육종 회사: 데이비드 오스틴
육종 연도: 2002년
품종 안내: 강렬한 오렌지 핑크색의 꽃 중앙에 선명한 노란색 단추 눈을 가진 독특한 매력의 장미이다. 봄부터 가을까지 끊임없이 피는 화려하고 아름다운 꽃에서는 기분 좋은 레몬 차 향이 난다.

품종 분류: 관목   **키:** 100cm 이하
용도: 혼합 화단, 장미 화단, 화분(지름, 높이 30cm 이상)
식재 장소: 양지, 동 / 서 / 남향
향기: 레몬 차 향
향기 강도: ★★★☆☆   **내한성:** ★★★★☆   **내병성:** ★★★★☆
연속 개화력: ★★★☆☆   **반복 개화력:** ★★★★☆

이블린 EVELYN(AUSsaucer)

육종 회사: 데이비드 오스틴

육종 연도: 1991년

품종 안내: 살구, 오렌지, 핑크가 섞인 오묘한 색감을 내는 아름다운 접시형 로제트 장미다. 살구와 배를 가미한 강한 올드 로즈 향이 좋고, 성장이 우세한 건강한 품종이다.

품종 분류: 관목 **키:** 150cm 이하

용도: 혼합 화단, 장미 화단, 화분 (지름, 높이 40cm 이상)

식재 장소: 양지, 동 / 서 / 남향

향기: 강한 올드 로즈 향

향기 강도: ★★★★☆ **내한성:** ★★☆☆☆ **내병성:** ★★★☆☆

연속 개화력: ★★☆☆☆ **반복 개화력:** ★★☆☆☆

프린세스 알렉산드라 오브 켄트PRINCESS ALEXANDRA OF KENT(AUSmerchant)

육종 회사: 데이비드 오스틴

육종 연도: 2007년

품종 안내: 엘리자베스 2세의 사촌인 알렉산드라 공주의 이름을 딴 장미다. 그 이름에 걸맞게 화려하고 아름다운 꽃은 거대하고 짙은 핑크색 꽃잎으로 가득 차 있고 강하고 맛 좋은 차 향과 레몬 향을 풍긴다. 매우 건강하게 성장하고 봄부터 가을까지 꾸준히 꽃이 피우는 품종이다.

품종 분류: 관목   **키:** 140cm 이하

용도: 장미 울타리, 혼합 화단, 장미 화단, 화분(지름, 높이 40cm 이상)

식재 장소: 양지, 반그늘, 그늘, 동 / 서 / 남 / 북향

향기: 차, 레몬, 블랙커런트 향

향기 강도: ★★★★★   **내한성:** ★★★★☆   **내병성:** ★★★☆☆

연속 개화력: ★★★☆☆   **반복 개화력:** ★★★★☆

시스터 엘리자베스 SISTER ELIZABETH(AUSpalette)

육종 회사: 데이비드 오스틴

육종 연도: 2006년

품종 안내: 단추 눈을 가진 독특한 화형의 매력적인 장미다. 연보라색이 가미된 진한 핑크색으로 중간 크기의 꽃이 가는 줄기에 무수히 많이 피는 것이 특징이다.

품종 분류: 관목

키: 100cm 이하

용도: 혼합 화단, 장미 화단, 화분(지름. 높이 30cm 이상)

식재 장소: 양지, 동 / 서 / 남향

향기: 알싸한 올드 로즈 향

향기 강도: ★★★☆☆　　내한성: ★★★★☆　　내병성: ★★★★☆

연속 개화력: ★★★★☆　　반복 개화력: ★★★☆☆

스트로베리 힐STRAWBERRY HILL(AUSrimini)

육종 회사: 데이비드 오스틴

육종 연도: 2006년

품종 안내: 코랄핑크에서 연한 핑크로의 컬러 변주가 재미있는 품종으로 맛 좋은 과일과 꿀이 섞인 매우 달콤한 향이 난다. 어두운 녹색의 잎은 광택이 있어 꽃이 없는 기간에도 아름다운 모습을 유지한다.

품종 분류: 덩굴　**키:** 300cm 이하

용도: 벽, 출입구, 오벨리스크, 아치, 화분(지름, 높이 50cm 이상)

식재 장소: 양지, 동 / 서 / 남향

향기: 블루베리, 몰약, 꿀 향

향기 강도: ★★★★★　**내한성:** ★★★★☆　**내병성:** ★★★★☆

연속 개화력: ★★★☆☆　**반복 개화력:** ★★★☆☆

스카이라크 SKYLARK(AUSimple)

육종 회사: 데이비드 오스틴

육종 연도: 2007년

품종 안내: 반 겹의 느슨한 꽃은 진한 핑크색으로 피었다가 빛바랜 라일락 핑크로 변한다. 데이비드 오스틴 장미 중 드물게 꽃 전체 색이 선명한 품종으로 정원의 포인트로 심기 좋다.

품종 분류: 관목　**키:** 120cm 이하

용도: 장미 울타리, 혼합 화단, 장미 화단, 좁은 공간,

화분(지름, 높이 30cm 이상)

식재 장소: 양지, 반그늘, 그늘, 동 / 서 / 남 / 북향

향기: 머스크, 차 향

향기 강도: ★☆☆☆☆　**내한성:** ★★★★☆　**내병성:** ★★★★☆

연속 개화력: ★★☆☆☆　**반복 개화력:** ★★★☆☆

에이브러햄 다비 ABRAHAM DARBY(AUScot)

육종 회사: 데이비드 오스틴

육종 연도: 1985년

품종 안내: 사계절이 뚜렷한 국내 환경에서 정해진 화형 없이 매 계절마다 다른 모습을 보여준다는 특징이 있다. 살구, 핑크, 노랑, 흰색을 기본으로 매 순간 다른 색을 보이고 거대한 꽃을 꾸준히 피운다. 성장이 매우 왕성해 낮은 덩굴장미로 키우는 것도 가능하다.

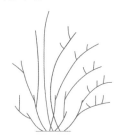

품종 분류: 관목　**키:** 150cm 이하

용도: 혼합 화단, 장미 화단, 화분(지름, 높이 50cm 이상)

식재 장소: 양지, 동 / 서 / 남향

향기: 풍부한 과일 향

향기 강도: ★★★★★　**내한성:** ★★★★☆　**내병성:** ★★★☆☆

연속 개화력: ★★★☆☆　**반복 개화력:** ★★★☆☆

더 웨지우드 로즈THE WEDGWOOD ROSE(AUSjosiah)

육종 회사: 데이비드 오스틴

육종 연도: 2009년

품종 안내: 카네이션을 닮은 화형으로 중심은 선명한 핑크를 띠고 바깥쪽 꽃잎은 하얀색을 띤다. 얇은 꽃잎은 섬세하고 우아한 느낌을 주지만 강한 햇빛과 더위, 비 등에 매우 약하다. 부드럽게 휘는 아치형 줄기는 덩굴장미로 키우기에 손색이 없다.

품종 분류: 관목, 덩굴   **키:** 300cm 이하

용도: 벽, 출입구, 오벨리스크, 기둥, 아치, 혼합 화단, 장미 화단,

화분 (지름, 높이 40cm 이상)

식재 장소: 양지, 동 / 서 / 남향   **향기:** 클로버 향

향기 강도: ★★☆☆☆   **내한성:** ★★★★☆   **내병성:** ★★★☆☆

연속 개화력: ★★★★☆   **반복 개화력:** ★★★☆☆

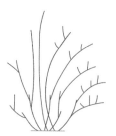

메이드 매리언MAID MARION(AUStobias)

육종 회사: 데이비드 오스틴

육종 연도: 2010년

품종 안내: 중앙의 작은 꽃잎을 더 큰 꽃잎이 둘러싸고 있으며 바깥쪽 꽃잎은 완벽하게 원을 형성해 아름다운 모습으로 개화한다. 핑크색의 꽃은 개화할 때는 부드러운 몰약 향을 풍기지만 시간이 지나면서 정향나무 껍질과 달콤한 과일 향을 낸다.

품종 분류: 관목   **키:** 120cm 이하

용도: 장미 울타리, 혼합 화단, 장미 화단, 좁은 공간,
화분(지름, 높이 30cm 이상)

식재 장소: 양지, 반그늘, 그늘, 동 / 서 / 남 / 북향   **향기:** 몰약 향

향기 강도: ★★☆☆☆   **내한성:** ★★☆☆☆   **내병성:** ★★☆☆☆

연속 개화력: ★★☆☆☆   **반복 개화력:** ★★☆☆☆

레이디스 블러시THE LADY'S BLUSH(AUSham)

육종 회사: 데이비드 오스틴

육종 연도: 2010년

품종 안내: 반 겹의 우아한 매력을 지닌 이 장미는 연한 핑크색 꽃잎 중심에 하얀 눈을 가지고 있는데 종종 하얀 줄무늬를 보여주기도 한다. 특히 노란 황금색의 수술이 꽃에 아름다움을 더한다.

품종 분류: 관목 **키:** 120cm 이하

용도: 장미 울타리, 혼합 화단, 장미 화단, 좁은 공간,

화분(지름, 높이 30cm 이상)

식재 장소: 양지, 반그늘, 그늘, 동 / 서 / 남 / 북향 **향기:** 장미 향

향기 강도: ★☆☆☆☆ **내한성:** ★★★☆☆ **내병성:** ★★★☆☆

연속 개화력: ★★☆☆☆ **반복 개화력:** ★★☆☆☆

보스코벨BOSCOBEL(AUScousin)

육종 회사: 데이비드 오스틴

육종 연도: 2012년

품종 안내: 빨간색 꽃봉오리는 개화하며 오렌지, 핑크, 노랑, 살구 등이 섞인 묘한 매력의 꽃을 피운다. 선명한 색감을 자랑하는 장미로 정원의 포인트로 심기 좋다.

품종 분류: 관목

키: 120cm 이하

용도: 혼합 화단, 장미 화단, 화분(지름, 높이 30cm 이상)

식재 장소: 양지, 동 / 서 / 남향

향기: 배, 아몬드, 산사나무 향

향기 강도: ★★★☆☆   **내한성**: ★★★★☆   **내병성**: ★★☆☆☆

연속 개화력: ★★☆☆☆   **반복 개화력**: ★★★☆☆

위슬리 2008 WISLEY 2008(AUSbreeze)

육종 회사: 데이비드 오스틴

육종 연도: 2008년

품종 안내: 중간 이하 크기의 작은 꽃으로 꽃잎이 완벽하게 배열되어 로제트를 형성한다. 횡장성이 강한 키 작은 장미로 사방으로 퍼지며 넓게 자라기 때문에 여러 식물들과 함께 식재 시 꾸준한 전정이 필요하다.

품종 분류: 관목   키: 130cm 이하

용도: 장미 울타리, 혼합 화단, 장미 화단,

화분(지름, 높이 30cm 이상)

식재 장소: 양지, 반그늘, 그늘, 동 / 서 / 남 / 북향   향기: 옅은 과일 향

향기 강도: ★★☆☆☆   내한성: ★★★★☆   내병성: ★★★★☆

연속 개화력: ★★☆☆☆   반복 개화력: ★★★☆☆

기 드 모파상 GUY DE MAUPASSANT(MEIsocrat)

육종 회사: 메이앙

육종 연도: 1995년

품종 안내: 형광빛이 도는 핑크색의 매우 화려한 장미이다. 작은 키의 관목은 가시가 많아 울타리 용도로도 적합하다.

품종 분류: 플로리분다

키: 90cm 이하

용도: 장미 울타리, 혼합 화단, 장미 화단, 화분(지름, 높이 30cm 이상)

식재 장소: 양지, 동 / 서 / 남향

향기: 사과, 과일 향

향기 강도: ★★☆☆☆   **내한성:** ★★★☆☆   **내병성:** ★★☆☆☆

연속 개화력: ★★★☆☆   **반복 개화력:** ★★★☆☆

레오나르도 다 빈치 LEONARDO DA VINCI(MEIdeauri)

육종 회사: 메이앙

육종 연도: 1993년

품종 안내: 중간 크기의 로제트 화형 장미로 살몬색이 가미된 부드러운 핑크색이 매력적이다. 단단한 꽃잎은 해와 비에 대한 저항력이 있어 꽃이 오래간다는 장점이 있지만, 개화 후기에는 탈색되고 갈변되며 시든다.

품종 분류: 플로리분다, 덩굴   **키:** 250cm 이하

용도: 아치, 기둥, 오벨리스크, 혼합 화단, 장미 화단,
화분(지름, 높이 40cm 이상)

식재 장소: 양지, 동 / 서 / 남향   **향기:** 사과 향을 가미한 올드 로즈 향

향기 강도: ☆☆☆☆☆   **내한성:** ★★★★☆   **내병성:** ★★☆☆☆

연속 개화력: ★★★★☆   **반복 개화력:** ★★☆☆☆

시노부레도SHINOBUREDO

육종 회사: 게이세이KEISEI (일본)

육종 연도: 2006년

품종 안내: 중간 크기의 밝은 연보라색의 꽃이 매우 사랑스러운 품종이다. 어두운 녹색 잎은 꽃과 대비되어 조화롭고, 키가 작아 좁은 공간에서도 키우기 좋다. 단 얇은 꽃잎은 해와 비에 약하고, 기타 품종에 비해 내한성이 약하기 때문에 별도의 보온이 필요하다.

품종 분류: 하이브리드 티　**키:** 120cm 이하
용도: 혼합 화단, 장미 화단, 화분 (지름, 높이 30cm 이상)
식재 장소: 양지, 동 / 서 / 남향
향기: 장미 향

향기 강도: ★★☆☆☆　**내한성:** ★☆☆☆☆　**내병성:** ★☆☆☆☆
연속 개화력: ★★☆☆☆　**반복 개화력:** ★★★★☆

랩소디 인 블루 RHAPSODY IN BLUE(FRAntasia)

육종 회사: 프랭크 R. 칼리쇼 Frank R. Cowlishaw(영국)

육종 연도: 1999년

품종 안내: 반겹의 작은 장미로 선명한 보라색을 띠는 매우 매력적인 품종이다. 보라색은 중심의 황금 수술과 대비되어 더욱 화려해 보인다. 작고 여린 꽃은 해와 고온, 비 등에 매우 약하기 때문에 식재 장소 선정에 매우 신중해야 한다.

품종 분류: 관목   **키:** 200cm 이하

용도: 혼합 화단, 장미 화단, 화분(지름, 높이 40cm 이상)

식재 장소: 양지, 반그늘, 동 / 서 / 남향

향기: 알싸한 장미 향

향기 강도: ★★★☆☆   **내한성:** ★★★☆☆   **내병성:** ★★☆☆☆

연속 개화력: ★★☆☆☆   **반복 개화력:** ★★☆☆☆

부록

장미 묘목 구매처

● 국제화훼종묘

전라남도 광주에 위치한 국제화훼종묘는 영국 데이비드 오스틴 사의 장미를 정식으로 수입, 공급하고 있다. 장미 묘목 전용 포장으로 개별 장미를 상처 없이 온전한 상태로 배송해주고, 묘목의 상태도 대체로 매우 건강하다. 다수의 품종을 보유하고 있지만 해마다 영국 장미의 인기가 높아지면서 원하는 품종을 구하기 위해서는 홈페이지의 공지 글을 수시로 확인하고 판매 시기에 맞춰 예약 및 구매하는 노력이 필요하다.

주소: 광주광역시 광산구 상무대로 419번지 40-20 전화번호: 062-946-1777 홈페이지: www.kjflower.co.kr

● 로즈팜

경기도 고양시에 위치한 농장으로 독일 코르데스 사의 장미 외 100여 종 이상의 장미를 수입 공급하고 있다. 국내 환경에 적응되어 혹서기와 혹한기에도 강한 묘목을 보유하고 있고 자체 묘목 생산으로 합리적인 가격에 판매하고 있는 것이 가장 큰 장점이다. 베어트리파크 장미원, 서울대공원 장미원, 조선대학교 장미원, 일산 호수공원 장미원 등 장미 묘목 판매 외에 장미를 이용한 조경도 함께 시행하고 있어 대규모의 장미 정원 조성 시 자문이 가능하고, 홈페이지 내에 월별 장미 관리법과 병해충 관리법 등을 자세하게 소개하고 있어 처음 장미를 키우는 사람들에게 많은 도움이 되고 있다.

주소: 경기도 고양시 일산서구 송포로 132 전화번호: 031-916-3481 홈페이지: www.rosefarm.co.kr

● 뉴코리아 장미원

로즈팜과 마찬가지로 국내 장미 농업의 메카인 경기도 고양시에 위치한 뉴코리아 장미원은 1966년 개원하여 현재까지 다양한 장미를 수입·공급하고 있는 회사다. 전 세계 7대 장미 육종 회사의 정원용 장미 라이선스를 계약하여 다양한 브랜드의 품종을 구할 수 있다는 점이 가장 큰 장점이지만 홈페이지의 정보 업데이트가 원활하지 않아 농장 내 보유하고 있는 품종 파악이 어렵기 때문에 구매하고자 하는 품종을 먼저 전화로 문의한 후 방문하는 것이 좋다.

주소: 경기도 고양시 신원동 85-1 전화번호: 02-381-2606 홈페이지: www.newkorearose.co.kr

● 서울장미원

서울장미원은 우면산 자락에 위치하고 있어 서울에서 접근성이 가장 좋은 농장이다. 온라인 사이트가 없기 때문에 정보를 얻기는 어렵지만 방문 구매가 가능하고, 장미가 만개하는 시기에는 구매를 원하는 품종의 꽃을 직접 확인하고 고를 수 있다는 장점이 있다. 특히 2미터 이상 큰 덩굴장미가 다량 구비되어 있어, 보다 빠르게 덩굴장미 정원을 구성하고 싶은 사람들에게 추천하는 곳이다.

주소: 서울특별시 서초구 우면동 519-3

● 지앤숍

경기도 용인에 위치한 지앤아트스페이스에서 운영하는 지앤숍은 생활과 예술이 어우러진 풍요로운 라이프 스타일을 제안하는 Living Art Company이다. 국내 최대 토분 전문 업체로서 주로 이탈리아 토분을 독점 판매하고 있고 독일, 아시아 등 전 세계 토분 또한 직수입, 도소매로 판매하고 있다. 토분 판매 외에도 토분 만들기 도예 체험을 제공하고 있기도 하다. 최근에는 데이비드 오스틴 사의 장미를 취급하면서 토분에 심은 고급스러운 분위기의 장미를 선보여 인기를 끌고 있다. 장미 외 트렌디한 식물들도 취급하고 있어 한번 방문하면 다양한 재미를 경험할 수 있다. 토분을 구매하면 매장에서 식물을 직접 심어주기도 해서 식물 구매부터 식재까지 한 장소에서 마칠 수 있다는 편리함이 장점이다.

주소: 경기도 용인시 기흥구 백남준로 7 전화번호: 031-286-8500 홈페이지: www.zienshop.com

● 대림원예종묘

경기도 과천에 위치한 대림원예종묘는 장미뿐 아니라 과수, 약용수, 관상수, 구근 등 수많은 식물을 전시, 판매하는 종묘사다. 현재 대부분의 종묘사에서 영국 장미를 비롯한 여러 장미를 구매할 수 있지만 전시장 내에서 묘목을 직접 확인하고 구매할 수 있다는 점이 대림원예종묘의 가장 큰 장점이다. 거대한 비닐하우스 전시장에 진열되어 있는 최신 품종들을 한자리에서 볼 수 있기 때문에 식물 구매 시 추천하는 장소다.

주소: 경기도 과천시 양재대로 91 전화번호: 02-575-5933 홈페이지: www.dailimseed.co.kr

● 한국원예종묘

한국원예종묘는 전국의 농가와 종묘사, 기관들과의 제휴를 통해 수목류 1,000여 종, 지피식물 600여 종, 각종 초화류, 종자, 구근 등을 생산, 유통하는 원예 종묘 업체다. 데이비드 오스틴 사의 장미를 해마다 꾸준히 판매하고 있고, 최근에는 독일 탄타우 사의 장미들을 판매하기 시작하면서 장미 시장에 다양성을 불어넣고 있다.

주소: 전북 완주군 용진읍 상삼간중길 276 전화번호: 063-242-2082 홈페이지: www.seedling.kr

가드닝 용품 구매처

● **조이가든**

경기도 이천에 위치한 조이가든은 가드닝에 필요한 다양한 용품을 구할 수 있어 개인적으로 가장 많이 이용하는 곳이다. 흙, 비료, 관수 용품, 월동 자재 등 가드닝에 필요한 대부분의 재료 구매가 가능하고 최근에는 장미 전용 흙과 액체 비료까지 판매 품목을 넓혔다.

주소: 경기도 이천시 진상미로 2232번길 94 전화번호: 02-585-5346 홈페이지: www.joygarden.co.kr

● **가든라이프**

양재동 화훼공판장 내에 위치한 가든라이프는 해외 가드닝 용품을 수입·판매하고 있다. 국내에서 쉽게 구할 수 없는 해외 브랜드의 가드닝 도구들과 아치, 오벨리스크 등과 같은 큰 규모의 주물 제품 구매가 가능하다.

주소: 서울 서초구 강남대로 27 화훼공판장 내 전화번호: 02-579-5083 홈페이지: www.gardenlife.kr

● **데팡스**

부산광역시 노포동에 위치한 데팡스는 유럽형 화훼센터를 지향하는 가드닝&홈 데코 쇼핑몰로, 이탈리아 데팡스 토분 및 가드닝에 필요한 다양한 용품을 구할 수 있는 곳이다. 국내에서 진행하는 각종 가드닝 박람회 참석 및 유명 온·오프라인 몰과 제휴를 맺어 접근성이 뛰어난 것이 가장 큰 장점이다.

주소: 부산광역시 동구 초량중로 29 전화번호: 1577-7706 홈페이지: www.depanse.co.kr

● **푸른텃밭세상**

전라남도 나주시에 위치한 푸른텃밭세상은 텃밭관리사, 유기농업기능사 등의 전문 자격증을 보유한 전문가가 운영하는 곳으로 기본적인 가드닝 용품, 채소 등의 씨앗 외에 각종 흙과 비료 구매가 가능하다. 특히 이곳에서 판매하는 유기농 혼합토는 뛰어난 품질의 토양 재료를 혼합한 것으로, 흙 혼합을 따로 하지 않고 사용이 가능하기 때문에 다량의 흙이 필요한 정원에서 매우 유용하게 이용할 수 있다.

주소: 전남 나주시 남평읍 교원교촌리 92 전화번호: 061-334-8864 홈페이지: cafe.daum.net/purntutbat

장미공원들

과천 서울대공원 장미원

주소: 경기 과천시 대공원광장로 102

전화번호: 1644-7200

입장료 : 어른 2,000원, 청소년 1,500원, 어린이 1,000원

중랑천 장미공원

주소: 서울특별시 중랑구 중랑천로 332

전화번호: 02-2094-0114

입장료: 무료   홈페이지: seoulrose.jungnang.go.kr

올림픽공원 장미원

주소: 서울특별시 송파구 올림픽로 424

전화번호: 02-410-1114

입장료: 무료   홈페이지: www.olympicpark.co.kr

일산 호수공원 장미원

주소: 경기도 일산동구 호수로 595

전화번호: 031-909-9000

입장료: 무료   홈페이지: http://www.goyang.go.kr/park/index.do

부천 백만 송이 장미원

주소: 경기 부천시 성곡로 63번길 99 도당공원

전화번호: 032-320-3000

입장료: 무료

노적봉 인공폭포공원 장미원

주소: 경기 부천시 성곡로 63번길 99 도당공원

전화번호: 032-320-3000

입장료: 무료

에버랜드 장미원

주소: 경기 용인시 처인구 포곡읍 에버랜드로 199

전화번호: 031-320-5000

입장료: 주간이용권(1일) (대인) 54,000원, 주간이용권(1일) (소인/경로) 43,000
원, 주간이용권(1일) (청소년) 46,000원, 야간권(17시 이후) (대인) 45,000원, 야
간권(17시 이후) (청소년) 39,000원,

홈페이지: www.everland.com

원주 장미공원
주소: 강원도 원주시 단계동 854
전화번호: 033-734-0978
입장료 : 무료

삼척 장미공원
주소: 강원도 삼척시 오십천로 586
전화번호: 033-570-4065
입장료: 무료

소금정공원 장미 터널
주소: 충청북도 단양군 단양읍 삼봉로 192
입장료: 무료

베어트리파크 장미원
주소: 세종특별자치시 전동면 신송로 217
전화번호: 044-866-7766
입장료: 대인(만19세 이상) 13,000원, 소인(만3세 이상) 8,000원
홈페이지: beartreepark.com

오월드 장미원
주소: 대전광역시 중구 사정동 산39-1
전화번호: 042-580-4820
입장료: 입장권(성인) 12,000원, 입장권(청소년) 7,000원, 입장권(어린이,경로)
5,000원, 자유이용권(성인) 29,000원, 자유이용권(어린이,경로) 20,000원
홈페이지: http://www.oworld.kr

이곡 장미공원
주소: 대구광역시 달서구 이곡동 1306-6
입장료: 무료

조선대학교 장미원
주소: 광주광역시 동구 필문대로 309 조선대학교 법,사회과학대학
전화번호: 062-230-6223
입장료: 무료

섬진강 장미공원
주소: 전라남도 곡성군 오곡면 기차마을로 232
전화번호: 061-360-8252
입장료: 무료
홈페이지: www.gokseong.go.kr/tour

평림댐 장미공원
주소: 전남 장성군 삼계면 수옥리 850
입장료: 무료

순천만 국가정원 장미원

주소: 전남 순천시 국가정원1호길 47
전화번호: 1577-2013
입장료 : 성인 8,000원, 청소년·군인 6,000원, 어린이 4,000원, 단체(20인 이상) 성인 6,000원, 단체(20인 이상) 청소년·군인 5,000원
홈페이지: http://www.scgardens.or.kr

창원 장미공원

주소: 경상남도 창원시 성산구 가음동 31
전화번호: 055-272-4501
입장료: 무료

화명동 장미공원

주소: 부산광역시 북구 화명동 2280
입장료: 무료

메이즈랜드 장미원

주소: 제주특별자치도 제주시 구좌읍 비자림로 2134-47
전화번호: 064-784-3838
입장료: 성인 11,000원, 청소년·군인 9,000원, 어린이·경로·유공자 8,000원, 장애인 5,000원
홈페이지: mazeland.co.kr

치치의 사계절 장미 정원

– 장미 집사들을 위한 가드닝 노트

초판 1쇄 발행 2018년 12월 21일 **초판 5쇄 발행** 2022년 11월 30일

지은이 김치영
펴낸이 이승현

출판1 본부장 한수미
라이프 팀장 최유연
디자인 송윤형
일러스트 urbook

펴낸곳 ㈜위즈덤하우스 **출판등록** 2000년 5월 23일 제13-1071호
주소 서울특별시 마포구 양화로 19 합정오피스빌딩 17층
전화 02) 2179-5600 **홈페이지** www.wisdomhouse.co.kr

ⓒ 김치영, 2018

ISBN 979-11-89709-06-8 03520